淮河流域水污染控制与治理策略和实践

李爱民　张幼宽　谢显传　编著

科学出版社

北京

内 容 简 介

本书较为全面系统地介绍"十一五"至"十三五"（2006～2020 年）国家水体污染控制与治理科技重大专项（简称"水专项"）在淮河流域的水生态环境特征分析和关键问题剖析、治理思路与策略、研究任务设置及主要成果产出等方面取得的主要进展，以期为"十四五"以及更远未来的淮河流域水生态环境治理与保护修复提供一定借鉴。本书内容共七章，其中第 1～2 章简要介绍淮河概况并回顾治理历程，第 3～4 章分析"十一五"之初淮河流域污染特征分析与关键问题，第 5～6 章介绍水专项对淮河流域的治理思路与策略以及任务设置和主要成果产出，第 7 章对"十四五"淮河流域水环境治理和生态保护进行展望。

本书可供生态环境及相关专业领域科研人员、政府相关部门管理人员、生态环保企业人员以及相关院校学生等阅读参考。

图书在版编目(CIP)数据

淮河流域水污染控制与治理策略和实践 / 李爱民，张幼宽，谢显传编著. —北京：科学出版社，2023.12
　ISBN 978-7-03-076388-4

Ⅰ. ①淮…　Ⅱ. ①李…　②张…　③谢…　Ⅲ. ①淮河–流域污染–污染控制　②淮河–流域污染–水污染防治　Ⅳ. ①X522

中国国家版本馆 CIP 数据核字(2023)第 181048 号

责任编辑：刘　冉 / 责任校对：杜子昂
责任印制：徐晓晨 / 封面设计：北京图阅盛世

科 学 出 版 社 出版
北京东黄城根北街 16 号
邮政编码：100717
http://www.sciencep.com

北京九州迅驰传媒文化有限公司印刷
科学出版社发行　各地新华书店经销
*

2023 年 12 月第 一 版　开本：720×1000　1/16
2024 年 9 月第二次印刷　印张：13 1/2
字数：270 000
定价：**120.00 元**
(如有印装质量问题，我社负责调换)

序

　　淮河是我国七大河之一，也是中华人民共和国成立后第一条全面系统治理的大河。淮河流域面积 27 万平方千米，地跨湖北、河南、安徽、江苏、山东五省，用仅占 1/36 的国土面积，却创造了全国 1/8 的 GDP，承载了 1/7 的人口，生产了 1/4 的商品粮食，是我国最重要的粮食主产区。随着城市化和工业化进程不断加快，淮河流域面临水资源短缺、闸坝众多、污染重、突发性污染事故频发等重大环境问题，严重危及国家粮食安全，影响人民生活及健康。国家水体污染控制与治理科技重大专项（简称"水专项"）高度重视淮河流域水污染问题，列为水专项科技攻关和示范的典型流域之一。

　　"十一五"以来，水专项对淮河水环境问题进行了长期系统研究，分析出水污染关键核心问题和重点治理区域，提出淮河水污染治理总体思路与针对性策略，在流域重点污染源治理、闸坝型重污染河流生态治理、流域差异化水质目标管理、专项成果转化与产业化模式创新四个方面进行了大量科技攻关和工程示范，在创新实践中构建出了闸坝型重污染河流"三三三"治理模式、水质保障型蓄水湖泊"治用保"治污模式以及基于"技术研发—成果孵化—联盟集成—平台推广—机制保障"的全链式成果转化与产业化模式，为污染最重一级支流沙颍河和南水北调东线输水湖泊南四湖治理以及实现淮河流域水质根本性好转发挥了重要的科技支撑作用，成功探索了从污染源、河道、水质目标管理到成果产业化推广应用的"点-线-管-面"流域综合调控治理路线。通过十多年艰苦努力，淮河项目研究成果显著，获得多项国家科技奖项，也培养了一大批淮河流域治理科技人才，为水专项贡献了诸多的标志性成果，获得了众多同行专家的认可和好评。

《淮河流域水污染控制与治理策略和实践》一书对水专项研究的淮河流域水环境关键问题、治理思路与策略和水污染治理技术等成果内容作了系统总结，同时对未来淮河流域治理提出了相关建议。相信该书的付梓问世能为读者提供很多有用的信息，为未来的研究者和管理者提供有益的借鉴。

吴丰昌

2023 年 12 月 20 日

前　言

　　淮河是我国七大河流之一，是长江经济带与黄河经济带连接中枢，淮河流域是我国重要粮食与能源生产基地，在国家社会经济发展中有着举足轻重的地位，在我国经济和社会发展格局中占有十分重要的地位。淮河流域水资源短缺，人均水资源量为全国的 1/5。为了防洪与蓄水，淮河流域修建了万余座闸坝与水库，密度为全国之最。随着流域社会经济高速发展，淮河水污染问题日益严重、突发性水污染事故频发，严重危及国家粮食安全，影响人民生活及健康。淮河水污染问题引起党中央、国务院高度重视，1996 年把淮河列为国家重点治理"三河三湖"之首。"九五"以来，淮河水环境污染恶化趋势得到一定程度遏制，省界断面劣 V 类水质比例大幅度下降，优良水质比例逐渐增加。但是，至 2006 年，淮河流域水污染形势依然相当严峻，全流域劣 V 类水质比例仍达 30%，整体水质与规划目标还有较大的差距，远未实现预期目标。究其原因是在流域层面上缺乏创新性整体治污思路与治理对策，原有"头痛医头、脚痛医脚"的局部分散、应急性及运动型的治理行动不仅收效甚微，而且容易造成人力、物力、财力的重复和浪费。因此，国家水体污染控制与治理科技重大专项（简称"水专项"）在"十一五"启动之初就把淮河列为重点治理河流。

　　"十一五"以来，水专项系统深入研究了淮河流域水环境基本特征、水污染主要成因以及亟须解决的关键问题，提出淮河流域水污染控制与治理总体思路和针对性策略。针对淮河流域水环境"闸坝众多、污染重、基流匮乏、风险高、生态严重退化"等典型问题，水专项选择淮河污染最严重的一级支流沙颖河和南水北调东线过水通道南四湖为重点综合示范区，在"十一五"期间实施"控源减排"策略；"十二五"期间实施"减负修复"策略，"十三五"期间实施"综合调控"策略，共设置水专项课题 22 项，中央财政资金累计投入 3.295 亿元，地方配套资金投入 7.540 亿元，开展"大科学"、"大集成"与"大示范"的联合攻关研究和科技示范应用及推广。通过十余年的艰苦努力，水专项在淮河流域研发了一大批重点污染源治理、闸坝型重污染河流生态治理、流域差异化水质目标管理等关键技术成果，构建了闸坝型重污染河流"三三三"治理模式和水质保障型蓄水湖泊"治用保"治污模式，创新实践了基于"技术研发—成果孵化—联盟集成—平台推广—机制保障"的全链式成果转化与产业化模式。研究成果获得了国家自然科学奖二等奖、国家科技进步奖二等奖、全国创新争先奖等多项国家科技奖项，也培养了中国科学院院士、国家杰出青年科学基金获得者、长江学者特聘教授、"千人计划"专家、"万人计划"科技领军人才等一大批高层次的淮河流域治理科技人才。水专项的实施以及成果推广为淮河流域污染最重的一级支流沙颍河和南水北调东线输水湖泊南四湖治理和实现水质根本性好转发挥了重要的科技支撑作用，有力推动了近十多年淮河流域水环境质量显著持续改善。

本书内容是由"十一五"至"十三五"水专项淮河项目所有课题（名单详见附表）产出的成果总结凝炼而形成，希望为读者较为系统全面介绍水专项在淮河流域开展的科研实践工作以及取得的主要进展，以期为"十四五"以及更远未来的淮河流域治理与生态修复提供借鉴。但是，由于水专项淮河项目科研历时较长、研究内容繁杂且参与人员众多，科研工作涉及领域非常广，而本书编著者的水平和能力有限，定会有不少总结分析不到位或"挂一漏万"之处，编著内容有很多地方待进一步修正和完善，希望大家不吝赐教予以指正，帮助和指导我们在未来的工作中进一步提高。

最后，感谢所有参与水专项淮河项目的科研工作者和管理人员所付出的辛勤劳动和艰苦努力！感谢国家水专项管理办公室及相关指导专家、生态环境部淮河流域生态环境监督管理局以及河南、安徽、山东、江苏四省生态环境厅和水专项主管部门对水专项淮河项目多年来给予的大力支持与指导！

附表

"十一五"水专项淮河项目

	课题名称	牵头负责单位	技术负责人
1	贾鲁河流域废水处理与回用关键技术研究与示范	南京大学	李爱民
2	沙颍河上中游重污染行业污染治理关键技术研究与示范	郑州大学	何争光
3	沙颍河下游重污染行业污染治理关键技术研究与示范	安徽省环境科学研究院	郑志侠
4	沙颍河流域面源污染控制关键技术研究与示范	河南省环境保护科学研究院	钟崇林
5	高盐份有机工业废水治理关键技术与设备	江苏南大环保科技有限公司	吕　路
6	淮河-沙颍河水质水量联合调度改善水质关键技术研究与示范	中国科学院地理科学与资源研究所	夏　军
7	南水北调南四湖输水水质保障综合支撑技术与示范	山东省环境保护科学研究设计院	慕金波
8	南四湖流域重点污染源控制及废水减排技术与工程示范	山东大学	张　波
9	南四湖退化湿地生态修复及水质改善技术与工程示范	华北电力大学	张化永
10	淮河流域水污染控制与治理决策支撑关键技术研究及综合管理平台构建	南京大学	张幼宽

"十二五"水专项淮河项目

	课题名称	牵头负责单位	技术负责人
1	贾鲁河流域水质改善综合控制研究与示范	南京大学	李爱民
2	清潩河流域水环境质量整体提升与功能恢复关键技术集成研究与综合示范	郑州大学	于鲁冀
3	沙颍河中下游农业面源污染控制与水质改善集成技术研究与综合示范	安徽省环境科学研究院	匡　武
4	淮河下游入海河流污染综合控制技术集成与示范	中国科学院生态环境研究中心	王爱杰
5	淮河流域地表与地下水氮源补排及防控关键技术研究与示范	南京大学	阮晓红
6	淮河流域（河南段）水生态修复关键技术研究与示范	南京大学	安树青
7	淮河流域水质-水量-水生态联合调度关键技术研究与示范	武汉大学	夏　军
8	淮河流域（蚌埠段-洪泽湖上游）工业和城市污水毒害污染物综合控制技术研究与示范	南京大学	刘福强

"十三五"水专项淮河项目

	课题名称	牵头负责单位	技术负责人
1	沙颍河重点污染源控制关键技术集成验证及推广应用	南京大学	李爱民
2	沙颍河多闸坝重污染河流生态治理与水质改善关键技术集成验证及推广应用	南京大学	安树青
3	沙颍河流域差异化水质目标管理与多目标智能管理平台构建	南京大学	阮晓红
4	水专项技术成果产业化推广机制与平台建设	南京大学	谢显传

目 录

第1章 淮河流域概况 / 1

1.1 自然概况 / 1

1.1.1 地理位置 / 1

1.1.2 地形地貌 / 2

1.1.3 水系状况 / 2

1.1.4 水资源概况 / 8

1.2 社会经济概况 / 9

1.2.1 人口概况 / 9

1.2.2 经济概况 / 10

第2章 淮河流域治理历程回顾 / 13

2.1 淮河流域治理三大阶段主要洪涝灾害和水污染情况 / 14

2.1.1 旱涝灾害治理阶段（1949～1978 年） / 14

2.1.2 旱涝与水污染治理并重阶段（1979～2005 年） / 14

2.1.3 水环境重点治理阶段（2006 年至今） / 15

2.2 淮河流域治理三大阶段主要措施 / 15

2.2.1 旱涝灾害治理阶段（1949～1978 年） / 15

2.2.2 旱涝与水污染治理并重阶段（1979～2005 年） / 17

2.2.3 水环境重点治理阶段（2006 年至今） / 19

第3章 淮河水质特征与污染负荷分析 / 22

3.1 流域水质时空特征 / 22

3.1.1 "十一五"期间水质变化 / 22

3.1.2 流域总体水质 / 24

3.1.3 干流和主要支流水质 / 26

3.1.4 省界断面水质 / 41

3.1.5 水功能区水质 / 45

3.1.6 重点区域水质 / 46

3.2 流域污染负荷分析 / 48

3.2.1 流域水污染物排放总体情况 / 48

3.2.2 流域水污染物排放总体结构 / 52

3.2.3 流域工业生活源水污染物排放特征 / 53

3.2.4 流域工业源污染特征 / 54

3.2.5 流域生活源污染特征 / 59

3.2.6 流域农业源污染分析 / 60

3.2.7 重点区域污染负荷特征 / 64

3.2.8 流域水污染物排放地区情况 / 68

3.3 流域污染减排能力分析 / 71

3.3.1 流域工业行业减排能力 / 71

3.3.2 流域城镇生活污水处理能力 / 72

3.3.3 流域农业面源减排能力 / 74

第4章 淮河流域水环境关键问题剖析 / 75

4.1 流域水环境容量与总量控制 / 75

4.1.1 淮河流域水环境容量研究 / 75

4.1.2 流域规划中的总量控制 / 81

4.2 流域社会经济发展特征 / 84

4.2.1 流域工业化发展阶段判断依据 / 84

4.2.2 流域工业化发展阶段判断 / 85

4.2.3 各省淮河流域工业化发展阶段判断 / 88

4.2.4 流域环境保护投资趋势分析 / 92

4.3 流域水环境压力 / 93

4.3.1　工业源污染负荷预测 / 93

4.3.2　生活源污染负荷预测 / 96

4.3.3　农业源污染负荷预测 / 99

4.4　水污染控制关键问题 / 101

4.4.1　流域水污染成因 / 101

4.4.2　流域社会经济发展趋势与水污染治理影响 / 109

4.4.3　流域水体污染控制与治理关键问题 / 113

4.4.4　各省淮河流域水污染控制关键问题 / 115

第5章　淮河流域水环境治理思路与策略 / 122

5.1　战略目标 / 122

5.2　基本思路 / 123

5.2.1　基本原则 / 123

5.2.2　实施方略 / 124

5.2.3　阶段划分 / 125

5.3　水质目标 / 126

5.4　总量目标 / 131

5.5　重点区域 / 135

5.5.1　重点治理水体 / 135

5.5.2　重点分区识别 / 136

5.5.3　重点城市选择 / 140

5.6　重点任务 / 144

5.6.1　社会经济发展调整 / 144

5.6.2　污染源防控与治理 / 145

5.6.3　流域水体生态功能修复 / 147

5.6.4　流域管理机制创新及应用 / 148

5.6.5　保障饮用水源地水质安全 / 148

5.7　行动路线图 / 149

第6章　水专项在淮河任务设置及主要成果产出 / 150

6.1　水专项淮河项目的课题设置情况 / 150

6.1.1 "十一五"的"控源减排"阶段（2006~2010年） / 151

6.1.2 "十二五"的"减负修复"阶段（2011~2015年） / 151

6.1.3 "十三五"的"综合调控"阶段（2016~2020年） / 153

6.2 水专项淮河项目标志性成果产出与应用推广 / 154

6.2.1 攻克重点污染源治理与控制关键技术，实现废水资源"变废为宝"，极大提升流域"控源减排"能力 / 154

6.2.2 研发闸坝型重污染河流水生态治理关键技术，形成整装成套技术，构建淮河水生态修复范式，实现"臭水渠"变"水景区"，显著增强闸坝型河流"减负修复"能力 / 162

6.2.3 突破闸坝型重污染河流管理关键技术，形成沙颍河流域差异化水质目标管理技术体系，构建流域水生态环境多目标智能管理平台，实现河流水环境的精准化智慧管理 / 167

6.2.4 创新闸坝型重污染河流"三三三"治理模式与水质保障型蓄水湖泊"治用保"治污模式，为我国同类型河流与湖泊治理提供借鉴 / 174

6.2.5 构建基于"技术研发-成果孵化-联盟集成-平台推广-机制保障"的全链式成果转化与产业化模式，打通水专项成果从"书架"走到"货架"的产业化"最后一公里" / 176

6.3 淮河流域水质改善情况与水专项具体贡献总结 / 182

6.3.1 "十一五"至"十三五"淮河流域水质改善情况 / 182

6.3.2 水专项在淮河水污染控制与治理的贡献体现 / 183

6.3.3 水专项在淮河以外重点流域进行规模化成果推广应用 / 186

第7章 淮河流域水环境治理和生态保护展望 / 187

7.1 "十三五"末期淮河流域水生态环境面临主要问题 / 187

7.1.1 水环境方面 / 187

7.1.2 水资源方面 / 189

7.1.3 水生态方面 / 190

7.1.4 水安全方面 / 191

7.2 新时期国家对淮河治理要求 / 193

7.2.1　水污染防治行动计划（简称"水十条"）/ 193

7.2.2　淮河流域综合规划（2012～2030 年）/ 194

7.2.3　淮河生态经济带发展规划（2018～2035 年）/ 194

7.2.4　"十四五"重点流域水环境综合治理规划（2021～2025 年）/ 195

7.3　对未来淮河流域治理的建议 / 196

参考文献 / 198

第1章 淮河流域概况

1.1 自 然 概 况

1.1.1 地理位置

淮河流域地处我国东部，介于长江和黄河两流域之间，位于东经 111°55′～ 121°25′，北纬 30°55′～36°36′，流域面积约 27 万 km²，是我国七大江河流域之一。流域西起桐柏山、伏牛山，东临黄海，南以大别山、江淮丘陵、通扬运河及如泰运河南堤与长江分界，北以黄河南堤和泰山为界与黄河流域毗邻[1,2]。

参照 2010 年行政区划数据，淮河流域包括江苏、山东、河南、安徽、湖北 5 省 40 个地级市，共 189 个县、市、区，其人口密度居中国各大江河人口密度之首。鉴于湖北省各县市仅有一小部分以及其余四省部分县市位于该流域，目前通常将淮河流域概括为 4 省 35 个地级市，其中河南 11 市、安徽 9 市、江苏 8 市、山东 7 市。流域行政区划如表 1-1 与图 1-1 所示。

表 1-1　淮河流域行政单元列表

省份	地级市
河南	郑州市、开封市、洛阳市、平顶山市、许昌市、漯河市、南阳市、商丘市、信阳市、周口市、驻马店市
安徽	合肥市、蚌埠市、淮南市、淮北市、滁州市、阜阳市、宿州市、六安市、亳州市
江苏	徐州市、南通市、连云港市、淮安市、盐城市、扬州市、泰州市、宿迁市
山东	枣庄市、济宁市、临沂市、菏泽市、泰安市、日照市、淄博市

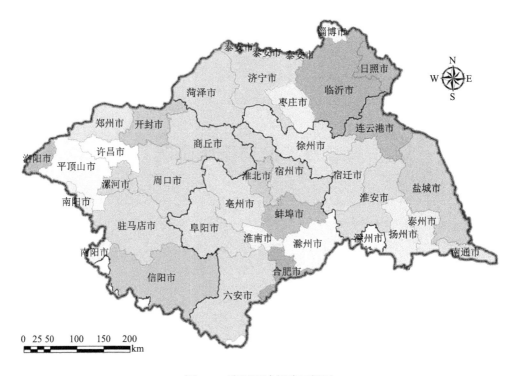

图 1-1　淮河流域行政区划图

1.1.2　地形地貌

流域西南部为山地和丘陵，中部为黄淮冲击、湖积、海积平原，东北部为鲁中南断块山地，平原与山地之间以洪积平原、冲积平原和冲积扇过渡。流域山丘区面积约占总面积的 1/3，平原面积约占总面积的 2/3（图 1-2）。

1.1.3　水系状况

1. 河流

淮河由淮河和沂沭泗两大水系组成，废黄河以南为淮河水系，以北为沂沭泗水系。流域面积分别为 19 万 km^2 和 8 万 km^2，有京杭大运河、淮沭新河和徐洪河贯通其间。淮河流域主要水系见图 1-3。

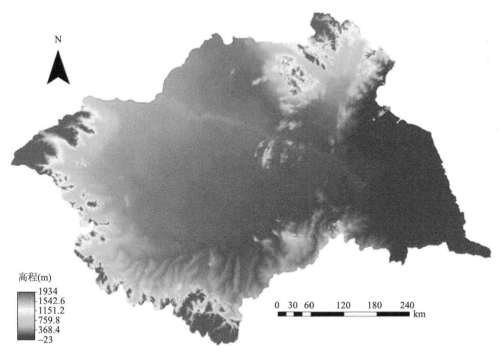

图 1-2　淮河流域地形图

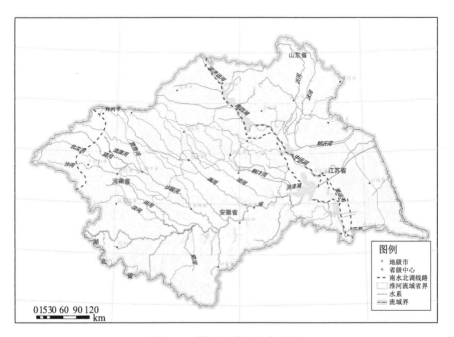

图 1-3　淮河流域主要水系图

淮河水系：淮河发源于河南省桐柏山，东流经豫、皖、苏三省，在三江营入长江，集水面积为191174 km²，占流域总面积的71%，全长1000 km，总落差200 m，平均比降为2‰。洪河口以上为上游，长360 km，地面落差178 m，流域面积3.06万km²；洪河口以下至洪泽湖出口中渡为中游，长490 km，地面落差16 m，中渡以上流域面积15.8万km²；中渡以下至三江营为下游入江水道，长150 km，地面落差约6 m，三江营以上流域面积为16.46万km²。

洪泽湖的排水出路，除入江水道以外，还有苏北灌溉总渠和向新沂河分洪的淮沭新河。淮河上中游支流众多。南岸支流均发源于大别山区及江淮丘陵区，源短流急，流域面积在2000～7000 km²的有白露河、史灌河、潢河、东淝河、池河。北岸支流主要有洪汝河、沙颍河、西淝河、涡河、漴潼河、新汴河、奎濉河，除洪汝河、沙颍河上游有部分山丘区以外，其余河流均为平原排水河道，流域面积以沙颍河最大，近4万km²，其他支流均在3000～16000 km²之间。

淮河下游里运河以东，有射阳港、黄沙港、新洋港、斗龙港等滨海河道，承泄里下河及滨海地区的雨水，流域面积为2.5万km²。

沂沭泗河水系是沂河、沭河、泗河水系的总称，位于淮河流域东北部，大都属苏、鲁两省，由沂河、沭河、泗河组成，多发源于沂蒙山区。集水面积78109 km²，其中包括12条较大的一级支流和15条直接入海的河流。沂河发源于鲁山南麓，流经临沂、江苏，注入骆马湖。泗河流经南四湖，汇集蒙山西部及湖西平原各支流后，经韩庄运河、中运河、骆马湖、新沂河于灌河口燕尾港入海。沂河、沭河自沂蒙山区平行南下，沂河流至山东省临沂市进入中下游平原，在江苏省邳县入骆马湖，由新沂河入海。在刘家道口和江风口有"分沂入沭"和邳苍分洪道，分别分沂河洪水入沭河和中运河。沭河在大官庄分新、老沭河，老沭河南流至新沂县入新沂河，新沭河东流经石梁河水库，至临洪口入海。

淮河流域主要河流情况见表1-2。

表1-2 淮河流域主要河流

水系	河名	控制站或河段	集水面积（km²）	河长（km）
淮河	淮河干流	大坡岭	1640	73
		长台关	3090	152
		息县	10190	250

续表

水系	河名	控制站或河段	集水面积（km²）	河长（km）
淮河	淮河干流	淮滨	16005	338
		王家坝	30630	361
		润河集	10360	448
		鲁台子	88630	529
		蚌埠	121330	651
		中渡	158160	854
		三江营	187000	1000
	闾河	闾河口	—	72
	洪汝河	五沟营	1555	92
		庙湾	2911	176
		班台	11663	240
		洪河口	12390	326
	汝河	沙口	3784	143
		汝河口	7389	223
	臻头河	河口	1841	129
	沙颍河	漯河	12150	230
		周口	25800	317
		界首	29290	112
		阜阳	35250	490
		颍河口	36900	618
	北汝河	岔河口	6080	250
	澧河	澧河口	2787	145
	颍河	张柿园	7348	263
	清河	河口	—	77
	贾鲁河	孙嘴	5895	246
	汾泉河	三里湾	5222	213
	黑茨河	茨河铺	2990	191
	茨淮新河	入淮河口	5977	134
	东淝河	东淝河口	4200	122

水系	河名	控制站或河段	集水面积（km²）	河长（km）
淮河	涡河	玄武	1070	118
		涡河口	15890	382
	惠济河	入涡河口	4130	171
	浍河	固镇	4541	237
	包河	濉溪	1090	173
	废黄河	滨海闸	3522	183
	新汴河	团结闸	6562	228
		汇河口	3536	129
	怀洪新河	峰山	12021	121
	新濉河	八里桥	2676	120
		汇河口	3536	129
	王引河	濉溪	1211	80
	澥河	澥河口	2110	138
	竹竿河	河口	2610	112
	小潢河	河口	796	98
	寨河	汇河口	710	90
	潢河	潢川	2050	100
		汇河口	2100	136
	白露河	汇河口	2200	136
	史灌河	蒋家集	5390	172
		三河尖	6880	172
	淠河	横排头	5390	172
		淠河口	6450	248
	池河	明光	3170	123.5
		池河口	5021	182
	里运河	江都	—	162
	灌溉总渠	六垛南闸	3829	168
沂沭泗河	沂河	葛沟	5565	183
		临沂	10315	228

续表

水系	河名	控制站或河段	集水面积（km²）	河长（km）
沂沭泗河	舌河	刘家道口	10138	237
		苗圩	11392	229
	东汶河	新安庄	2128	132
	蒙河	小河口	632	62
	防河	顾家圈	3376	135
	邳苍分洪道	滩上	2618	75
	新沂河	沭阳	—	18
		河口	72106	116
	沭河	大官庄	1529	206
		新安镇	5508	263
		口头	5970	300
	新沭河	大兴镇	458	20
	分沂入沭	大官庄	256	20
	梁济运河	后营	3208	79
		李集	3372	88
	洙赵新河	入湖口	4206	111
	万福河	大周	1283	77
	东鱼河	鱼城	5988	145
		西姚	5926	111
	泗河	书院	1525	93
		辛闸	2361	159
	洸府河	入湖口	—	141
	白马河	九孔桥	1099	57
	北沙河	河口	535	64
	复新河	西姚村	—	75
	韩庄运河	苏鲁省界	—	12
	中运河	运河镇	38221	68
		宿迁大控制	—	128
		杨庄	39157	218

水系	河名	控制站或河段	集水面积（km^2）	河长（km）
沂沭泗河	不牢河	大工庙	—	73
	房亭河	河口	—	71
	槐树新河	河口	—	98

2. 湖泊

淮河流域湖泊众多，水面面积约 7000 km^2，占流域总面积的 2.6%。淮河水系较大的湖泊有洪泽湖、高邮湖和邵伯湖等；沂沭泗水系有南四湖和骆马湖。洪泽湖是流域内最大的湖泊，也是我国四大淡水湖之一。它承接了淮河上中游约 16 万 km^2 的来水，最大入湖流量达 19800 m^3/s（1931 年），正常蓄水位 12.5 m，蓄水面积 1576 km^2，相应库容 22.3 亿 m^3。洪泽湖是集调节淮河洪水、提供工农业、生活用水及航运、发电、水产养殖等功能于一体的综合利用大型平原水库，它在南水北调工程的跨流域调度水源中起重要调节作用。南四湖是一个南北向狭长形湖泊，南北长超过 100 km，东西宽 5~25 km，由南阳等四湖连成，是我国第五大淡水湖，蓄水量排第七位。南四湖中部有二级坝枢纽工程，将该湖分为上下两级。该湖洪水经韩庄运河、伊家河和不牢河注入中运河后汇入骆马湖。骆马湖汇集中运河及沂河来水，经嶂山闸、皂河闸、六塘河闸泄出，分别泄入新沂河、中运河。

1.1.4　水资源概况

淮河流域地处我国南北气候过渡带，以淮河为界，淮河以北属暖温带半湿润气候区，淮河以南属亚热带湿润型季风气候区。流域多年平均降水量约为 888 mm，其中淮河水系 910 mm，沂沭泗水系 836 mm。降水量的空间分布状况大致是由南向北递减，山区多于平原，沿海大于内陆。淮河流域内有三个降水量高值区：一是伏牛山区，年平均降水量为 1000 mm 以上；二是大别山区，年平均降水量超过 1400 mm；三是下游近海区，年平均降水量大于 1000 mm。流域北部降水量最少，低于 700 mm。降水量的年际、年内分布差异均较大。汛期（6~9 月）降水占全年降水的 50%~80% [3,4]。

淮河流域多年平均地表水资源量 595 亿 m^3（淮河水系 452 亿 m^3，沂沭泗水系 143 亿 m^3），折合年径流深 221 mm（淮河水系 238 mm，沂沭泗水系 181 mm）。河南省、安徽省、江苏省和山东省多年平均地表水资源量分别为 178 亿 m^3、176 亿 m^3、151 亿 m^3 和 167 亿 m^3，年径流深分别为 206 mm、264 mm、237 mm 和 149 mm。流域人均水资源量为 499.5 m^3，约为全国人均水资源量的五分之一，水资源量十分短缺。

受降水和下垫面条件的影响，淮河流域地表水资源量地区分布总体与降雨相似，总体趋势是南部大、北部小，同纬度山区大于平原，平原地区沿海大、内陆小。淮河流域年径流深变幅为 50~1000 mm，南部大别山最高达 1000 mm，次高在西部伏牛山区，径流深为 400 mm，东部滨海地区为 250~300 mm，北部沿黄河一带径流深仅为 50~100 mm。淮河流域地表水资源量分布状况为淮河上游大于中下游，淮南大于淮北，淮河水系大于沂沭泗水系。淮河流域地表水资源，主要来源于大气降水。由于降水年际变化很大，导致径流量年际变化更大，且 50%以上主要集中于 6~9 月内。淮河流域径流年际变幅大、年内分布十分不均及大多属平原型河流的特征使其丰水年经常发生洪、涝灾害；枯水年经常发生严重旱灾。水旱灾害频繁发生使得淮河成为我国水旱灾害最严重地区之一。

1.2 社会经济概况

1.2.1 人口概况

2010 年，淮河流域人口约 1.67 亿，其中河南省淮河流域 5969.9 万，安徽省淮河流域 3416.6 万，江苏省淮河流域 3669.2 万，山东省淮河流域 3600.4 万。流域平均人口密度为 617 人/km^2，是全国平均人口密度的 4.5 倍，城镇化率为 34.8%，远低于全国平均水平（49.7%）。四省中，山东省淮河流域人口密度最高，达 756 人/km^2，安徽省淮河流域人口密度最低，为 510 人/km^2。城镇化率最低的为山东省淮河流域（25.8%），城镇化率最高的为江苏省淮河流域（51.7%）。具体见表 1-3。

表 1-3   2010 年淮河流域分省人口分布情况

	总人口（万人）	城镇人口（万人）	城镇化率（%）	平均人口密度（人/km²）
河南省淮河流域	5969.85	1924.34	32.2	676
安徽省淮河流域	3416.61	1052.79	30.8	510
江苏省淮河流域	3669.16	1897.10	51.7	564
山东省淮河流域	3600.42	929.85	25.8	756
淮河流域	16656.04	5804.08	34.8	617

1.2.2   经济概况

　　淮河流域集中了沿淮省市最不发达的地区，近年来，淮河流域经济快速增长，但总体上仍属经济欠发达地区。2010 年，流域 GDP 总量约 3.71 万亿元，人均 GDP 约 2.2 万元，低于全国平均水平。四省中，江苏和山东淮河流域的人均 GDP 高于流域平均水平，而安徽省淮河流域的人均 GDP 远低于流域平均水平（图 1-4）。

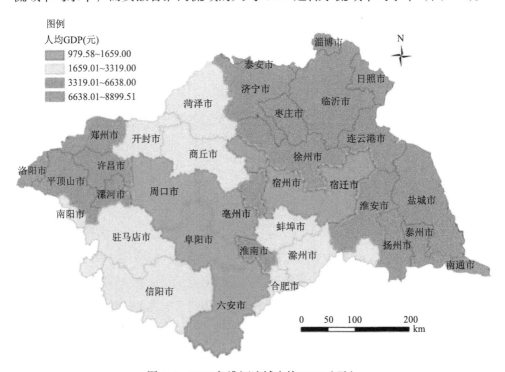

图 1-4   2010 年淮河流域人均 GDP（元）

2010 年，淮河流域第一、二、三产业增加值占 GDP 的比重分别为 14.4%、52.2%、33.4%，产业结构比例呈现二、三、一排列，具有明显的工业化发展特征。从三次产业的比例来看，四省的产业结构也均为二、三、一产业排列（表 1-4 和图 1-5）。

表 1-4　2010 年淮河流域分省经济发展情况

	GDP（亿元）	人均（元）	三产比重（%）		
			第一产业	第二产业	第三产业
河南省淮河流域	12990.58	21760	14.8	54.5	30.6
安徽省淮河流域	4384.05	12832	22.0	46.4	31.6
江苏省淮河流域	11631.23	31700	12.5	50.9	36.5
山东省淮河流域	8102.00	22503	12.4	53.2	34.4
淮河流域	37107.86	22279	14.4	52.2	33.4

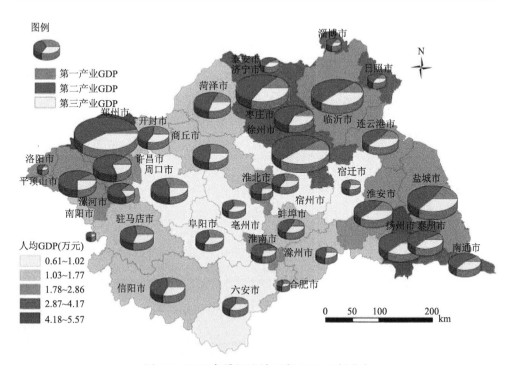

图 1-5　2010 年淮河流域三产 GDP 比例分布

流域第一产业占 GDP 比重偏高，与流域经济欠发达有关，同时也与河南、安徽有全国粮食生产核心区有关。第二产业占 GDP 的比重则反映了工业在淮河流域城市中的地位。结合人均 GDP 水平与第二产业比重，淮河流域正处于工业化发展的中期阶段，未来相当长一段时期内，淮河流域的工业将是流域经济的主要拉动力。目前流域内工业产业内部结构层次偏低，排名靠前的行业几乎全部为能源、原材料加工行业，如煤炭、金属和非金属矿物加工、农副食品加工、化工、造纸等。表 1-5 列出的是 2010 年四省淮河流域工业行业产值排名前 5 位的产业。

表 1-5　2010 年淮河流域分省工业行业结构特点

河南省淮河流域	农副食品加工业、煤炭开采和洗选业、黑色金属冶炼及压延加工业、化学原料及化学制品制造业、非金属矿物制品业
安徽省淮河流域	纺织服装业、冶金业、建材业、化工业、农副食品加工业
江苏省淮河流域	纺织业、冶金业、轻工业、建材业、化工业
山东省淮河流域	石化业、煤炭业、冶金业、食品业、机械业

第2章　淮河流域治理历程回顾

　　作为我国七大水系之一，淮河流域在经济社会发展格局中占有十分重要的地位。1950年，我国开展了大规模的治淮工程，主要措施包括修筑堤坝、建设水库、开辟行蓄洪区、整治河道、开挖入海通道等；20世纪80年代以来，随着城镇化和工业化进程加快，淮河水质受到严重污染，于是实施了不同规模的水污染治理工程。本章通过梳理中华人民共和国成立70年来淮河流域治理与保护的历程，总结了不同阶段淮河流域主要的洪涝灾害和水污染事件，分析了20世纪90年代以来淮河水生态环境的主要问题、变化趋势及治理与保护的重点，总结了淮河治理与保护的经验，以期为淮河流域持续治理、可持续发展与水生态文明建设提供借鉴。

　　通过调研淮河文献，运用对比分析等方法梳理了1949年以来淮河流域的旱涝灾害、水污染事件以及在此方面采取的治理和管理措施[5-7]。通过梳理发现，1978年之前淮河流域未发生水污染事件，1979年发生第一次水污染事件，之后发生多次水污染事件。2006年科技部启动了水体污染控制与治理科技重大专项（简称"水专项"），开启了淮河流域污染治理的新征程。基于此，将淮河治理历程分为三大阶段：

　　（1）1949～1978年为第一阶段，由于淮河地处我国南北气候的分界线，季风性气候极易形成暴雨或梅雨引发洪涝灾害，或持续高温无雨造成严重的干旱，因此该阶段以旱涝灾害治理为主。

　　（2）1979～2005年为第二阶段，该阶段的主要问题是防洪标准不高引起的旱涝灾害和工业、农业迅速发展引起的水污染事件，因此该阶段旱涝灾害与水污染治理并重。

　　（3）2006年至今为第三阶段，该阶段的主要问题是经济社会发展引起的水污染，因此以流域水污染治理为重点。

2.1 淮河流域治理三大阶段主要洪涝灾害和水污染情况

2.1.1 旱涝灾害治理阶段（1949～1978 年）

淮河流域位于我国南北气候过渡带，为显著的季风性气候，极易发生暴雨，加之历史上黄河夺淮入海，黄河水中携带大量泥沙入淮，水系被破坏，河道淤塞，淮河失去了入海通路，致使流域内涝灾害频繁出现。特别是汛期雨量集中，下游河道淤堵，洪水排泄不畅，而非汛期无有效保水建筑，水资源大量流失，造成淮河流域多数年份非涝即旱的局面。在 1949～1978 年的 30 年间，淮河流域总计发生涝灾 11 次，平均 2.72 年发生 1 次；旱灾 10 次，平均 3 年发生 1 次。其中 1959年、1962 年、1965 年发生了旱涝急转，持续干旱后又遭遇暴雨袭击。淮河下游坡度变缓，洪水停留时间延长，造成较大洪峰，加上淮河干流长期保持较高水位，影响支流洪水的下泄，易造成洪涝灾害，威胁流域两岸人民的生命和财产安全。中华人民共和国成立初期，我国经济比较落后，工业不发达且规模较小，农业生产依旧采用比较原始的生产方式，无大量浓度高的污水排放。此外，当时流域内闸坝较少，水量充足，可对污水产生稀释作用，所以该阶段水体尚未出现污染。

2.1.2 旱涝与水污染治理并重阶段（1979～2005 年）

自 1979 年以来，改革开放等政策的实行，极大地促进了经济的发展，沿淮两岸出现大量工业企业。一些"十五小"企业生产过程中产生的废水直接排入河道，使河流水体受到污染。此外，淮河流域平原广阔、耕地面积多，是我国重要的粮食生产基地，伴随着农药化肥的普及使用，大量未被作物利用的农药残留随雨水冲刷进入地表径流并汇入淮河，加快了淮河水体的污染。加之 20 世纪 60 年代前后为解决旱涝灾害在河流中上游修建的大量闸坝，阻断了河流上游污染负荷与下游水体的自然联系，切断了河流的清水补给，削弱了水流速度，大量污水、泥沙及营养物质滞留在水体, 各种污染物在闸坝前聚集形成污染团, 加剧了水体污染。在枯水期, 关闸蓄水容易造成河流污水发生聚集, 形成高浓度污水团, 成为河道型污染库; 而在汛期, 当河流开闸泄流时, 蓄积于河道的污染团集中下泄, 污染下游水体, 导致淮河时常发生重污染事故。1979~2005 年是淮河旱涝与水污染治理并重的阶段, 共发生涝灾 7 次, 旱灾 11 次, 水污染事件 24 次; 涝灾平均 3.86 年发生 1 次, 旱灾平均 2.45 年发生 1 次, 涝旱灾害均比第一阶段发生得更加频繁; 水污染事件平均 1.13 年发生 1 次, 几乎年年发生, 直接威胁着淮河中下游居民的用水安全。

2.1.3　水环境重点治理阶段 (2006 年至今)

该阶段前期, 我国经济稳定快速发展, 如 2006 年我国国内生产总值 (GDP) 在世界排名第四, 位于美国、日本、德国之后。但长期粗放的经济增长方式和先污染后治理的发展模式, 导致经济发展与人口资源环境矛盾日益突出。为调整经济结构, 转变经济增长方式, 缓解我国能源、资源和环境的瓶颈制约, 2006 年, 国家层面发布《国家中长期科学和技术发展规划纲要 (2006—2020 年)》, 设立了 16 个民口重大科技专项, 其中的水专项旨在为中国水体污染控制与治理提供强有力的科技支撑。由于淮河水体污染严重, 同时又是我国南北方的分界线, 在华北地区的自然和社会环境中有着举足轻重的地位, 因此, 将淮河纳入水专项进行治理, 并成立了水专项淮河项目组, 对淮河流域开展水污染治理研究与工程示范。自 2006 年以来, 水专项淮河项目组协助地方政府, 下大力气对淮河水环境问题进行梳理。

2.2　淮河流域治理三大阶段主要措施

2.2.1　旱涝灾害治理阶段 (1949~1978 年)

1. 治理思路

淮河治理始于 1950 年, 当年夏季淮河发生严重水灾, 毛泽东主席连续 4 次作出重要批示，要求尽快治理淮河，周恩来总理提出了"蓄泄兼筹"的治淮方针，国务院发布《关于治理淮河的决定》，并成立治淮委员会。1951 年毛泽东主席发出"一定要把淮河修好"的号召，1956 年淮委编制了《淮河流域规划报告》，1958 年撤销治淮委员会，治淮工作由流域各省负责，1977 年在国务院治淮规划小组办公室的基础上恢复治淮委员会。这些政策的实施保证了治淮工程的启动，掀起了 30 年的大规模治理高潮。

该阶段，针对淮河流域连续多次发生的洪涝灾害，主要遵循"蓄泄兼筹"的思路，"蓄"指修水库，建蓄洪区，拦闸坝；"泄"指设堤防，治河道，挖泄洪道，二者相结合共同治理淮河旱涝灾害。通过在上游修建水库，在中游建设行蓄洪区，扩大行洪通道，在下游扩大入江入海河道能力，加固堤坝，使淮河流域防洪标准提高至 20 年一遇。

2. 治理措施

在除涝泄洪方面，江苏、山东两省分别制定并实施"导沂整沭"和"导沭整沂"工程；修建并加固了淮北大堤及淮南、蚌埠等城市圈堤，实施了里运河复堤等工程，培修和加固了洪泽湖大堤，防洪标准提高到 100 年一遇；完成了五河内外水分流工程，初步整治了沂沭河、滩河、颍河、西淝河和洪河等，疏浚了废黄河，开挖分淮，开挖了如沂河、苏北灌溉总渠、新汴河和茨淮新河等人工河，建成了沂河邳苍分洪道，通过裁弯取直等措施整治入江水道和入海河道，扩大行洪通道；修建了邱家湖和南润段等 18 个行洪区，设置了江都、淮安、茭菱、临洪西、皂河等抽水站，提高泄洪能力。

在抗旱蓄洪方面，建设并加固了蚌埠闸、三河闸、高良涧闸等，建成了城西湖蓄洪区进洪闸和濛洼蓄洪区退水闸；兴建了老王坡、潼湖、城西（东）湖、濛洼等 9 项蓄洪工程；建设了佛子岭、宿鸭湖等 36 座大型水库和白沙、板桥、梅山等 100 多座中型水库，完成了临淮岗水库洪水控制工程的建设，把洪泽湖建成蓄洪控制工程，有效拦截了洪水。

该阶段国家层面投入 100 多亿元，新建大中小型水库 5000 多座，各类水闸 4000 多座，其中大中型水闸 500 多座，加高加固堤防 1.5 万 km，在提高淮河防洪标准的同时使其成为闸坝型河流，水流受人为控制和影响，失去河流原有的流动性。

针对该时期淮河流域连续多次发生的洪涝灾害，国家坚持"蓄泄兼筹"的治淮方针，加固堤坝，在上游修建水库，在中游建设行蓄洪区和灌区，在下游开挖入海河道，使淮河流域防洪标准提高了 20 年。由于当时水利人才稀少，水文资料缺乏，从水文站的布置、流域地形的测量到规划方案的制定都是在摸索中进行，导致该时期治淮工程防洪标准偏低，难以抵御更大规模的洪水。

2.2.2　旱涝与水污染治理并重阶段（1979～2005 年）

1. 治理思路

针对第一阶段治理的薄弱环节，第二阶段继续贯彻执行"蓄泄兼筹"、除害兴利并重的治理方针与原则，对已有水利工程进行维修、加高加固、扩建续建，开挖疏浚入江入海通道，扩大泄洪量。同时，针对随经济快速发展产生的河流污染问题，通过"关、停、并、转"超标企业、建设污水处理厂和实施排污许可证等措施进行污染治理，削减入河污染负荷量。

2. 旱涝灾害治理措施

针对上一阶段遗留的防洪标准较低、淮河中游洪灾和下游洪水出路以及水利工程设施疏于管理、老化严重等问题，该阶段着重开展了堤防加固和洪水通道扩大方面的治理工作。加固堤防方面，对宿鸭湖、许家崖、陡山等水库进行除险加固，初步加固淮河王家坝以上堤防，完成部分行蓄洪区安全设施建设；扩大洪水通道方面，整治史河下游以及泉河和洪河分洪道，完成了黑茨河治理工程和茨淮新河工程，按排洪 7 000 m³/s 标准扩大新沂河河道，开挖淮河入海水道，建设大型人工河道——怀洪新河。

2005 年，基本完成 1991 年治淮治太会议上确定的限时完成的重大水利工程——19 项治淮骨干工程，主要包含战略性骨干工程、淮河干流上中游河道整治及堤防加固工程、行蓄洪区安全建设工程、洪泽湖大堤加固和下游出路巩固工程、淮北跨省骨干河道治理、沂沭泗河洪水东调南下工程、水库工程、湖洼及支流治理等，使淮河中下游防洪标准提高到百年一遇，沂沭泗河东调南下工程防洪标准达到 50 年一遇。

3. 水污染治理与管理措施

该时期淮河水污染事件频发，1988 年成立了"淮河流域水资源保护领导小组"，主要职责是解决流域水污染防治中出现的重大问题。1994 年 5 月，环资委在安徽召开了淮河流域环保执法检查现场会，提出"2000 年淮河水体变清"的治理目标，拉开了全面治理淮河的序幕，同年 6 月颁布我国大江大河水污染预防的第一个规章制度——《关于淮河流域防止河道突发性污染事故的决定》。1995 年 3 月，国务院在北京召开了淮河流域污染治理领导小组会，对淮河流域污染治理工作提出了"一关、二限、三调、四查"的原则，即关闭严重污染企业、限制排放、科学调度水闸、对已完成项目的落实情况进行检查、加强监督等；同年 9 月，国务院在第二次淮河流域环保执法检查现场会上提出"1996 年 6 月 30 日之前，沿淮 5000 t 以下的化学制浆小造纸厂全部关停"的要求。1995 年国务院颁布我国第一部流域性水污染防治法规——《淮河流域水污染防治暂行条例》，自此，淮河流域水污染治理走上了法治化的轨道。1996 年 6 月，国务院批准实施《淮河流域水污染防治规划及"九五"计划》，提出对污染物进行总量控制，并实施"零点计划"。2001 年国家环境保护总局发布了《淮河流域排放重点水污染物许可证管理办法》，要求排污单位必须持证排污。2003 年国务院正式批复了《淮河流域水污染防治"十五"计划》，明确提出淮河流域"十五"时期水污染防治工作目标。2004 年国务院办公厅下发《关于加强淮河流域水污染防治工作的通知》，提出淮河流域治污的近期、中期和长期目标，并与流域四省签订了《淮河流域水污染防治目标责任书》。2005 年 4 月，淮河水利委员会发布了我国第一个流域限制排污总量意见——《淮河流域限制排污总量意见》，明确提出淮河流域水域所能承载容纳的污染物总量，为流域水污染防治提供了科学依据。2005 年 12 月，国家环境保护总局组织制订了《淮河流域水污染防治工作目标责任书（2005—2010 年）执行情况评估办法（试行）》《淮河流域城市水环境状况公告办法（试行）》。

该阶段的主要治理措施是关停重污染小企业和建设污水处理设施。1985 年治淮会议后，开展了流域水污染防治、淮河清障和小流域试点水土保持。"八五"期间，依靠技术升级改造，对沿淮四省 88 个工业点源进行治理，1994 年底前关、停、并、转了 191 个污染严重、治理难度大的工业企业。"九五"期间，依据《淮河流域水污染防治规划及"九五"计划》，流域水污染治理以规范工业排污为主，以"关、停、禁、改、转"为指导思想，关闭了大批"十五小（土）"企业，并对严重污染企业实施限期治理，其中 1996 年关停了 4987 家"十五小"企业，到 1998 年底淮河流域有 1057 家重污染企业实现了达标排放，加强了对超标排污企业的管理。2000 年开始调整工业结构，排入流域内的污染物总量明显降低，河道水质有所好转。但是，2000 年流域 COD 排放量仍为 105.9 万 t，远远超过"九五计划"规定的 36.8 万 t 的总量控制目标。"十五"期间，淮河流域水污染治理大力推进城镇污水集中处理设施建设，加大了工业结构调整力度，将污染物总量控制细化到控制单元，加强流域综合治理，完成截污导流、饮水工程建设、城市垃圾处理、农业面源治理、自身能力建设等 342 个项目，投资 144.6 亿元。

2.2.3　水环境重点治理阶段（2006 年至今）

1. 治理思路

该阶段，淮河水环境治理实施分期推进的思路：2006～2010 年为"控源减排"阶段，从污水产生源头减少污废水的产生，实现重污染流域水质显著改善；2011～2015 年为"减负修复"阶段，加强工业废水治理设施与生活污水处理设施建设，逐步推进产业结构调整，实现河流水质稳定达标或显著改善；2016～2020 年为"综合调控"阶段，全面改善淮河流域水环境质量，恢复淮河水生态功能与河流生物多样性。

2. 水环境治理措施

该阶段，通过水专项引导，中央和地方协同对淮河进行水污染治理。2006～2010 年，以控源减排措施为主，突破了合成氨、食品发酵、制革、造纸和畜禽养殖等粮食主产区典型行业污染全过程控制关键技术，在行业内得到推广应用并建设示范工程；在贾鲁河流域构建并实践了基于废水循环利用为核心的缺乏基流重污染河流"三三三"治理模式，即"三级控制、三级循环、三级标准"；研发了高效稳定人工湿地技术、近自然河道污染生态削减技术等一系列技术；创新复杂水质与水文背景下河口多级串联人工湿地模式，构建多自然型的生态河道，建成生态净化示范河道 18.48 km，日处理工业及城市生活尾水 5 万～40 万 t。此外，在系统诊断淮河流域水污染特征的基础上，制定了淮河流域水污染治理战略；突破了重污染多闸坝河流水质水量联合调度关键技术，构建了淮河-沙颖河流域水质水量联合调度系统平台并实现业务化运行，有效预防突发性污染事故。

2011～2015 年，以水体减负修复措施为主，围绕淮河流域蚌埠段—洪泽湖上游毒害污染物控制需求和难题，以"全程强化、集成优化"为原则，以"分质处理、多级控制"为特色，形成毒害污染物分质强化控制技术体系与管控策略。以废水深度处理和再生水生态利用为重点，集成创新了造纸等农业伴生行业废水能源化与无害化，以磁性树脂吸附为核心的城市污水深度处理与生态再生利用，以节地、易管、耐寒为特点的村镇生活污水适用性集成处理三项关键技术。此外，研发了基流匮乏重污染河流，以"生境构造-生态流量保障-基质强化脱氮除磷-水生植被恢复-水生态系统构建"为核心的原位生态治理与生态修复技术；形成了一套淮河流域（河南段）水生态净化与修复范式；围绕淮河水专项"改善水质、保护水生态"的总目标，开展以水量科学调配为核心的闸坝群"水质-水量-水生态"联合调度研究，通过与控源-修复措施的结合，改善淮河流域整体水环境，提高生态用水保证率。

2016～2020 年，以流域水环境综合调控提升生活源治理水平，大幅度降低农业污染源负荷，对河流进行综合治理，开展河流生态修复，恢复水生态功能。重点研发水质水量调控技术、水生植物多样性恢复技术、河流水生生物恢复技术等生态环境修复技术，并开展流域污染控制技术规模化应用示范。在淮河流域形成了"点-线-管-面"综合调控治理策略，全面建立流域各省河长制、湖长制体系，颁布淮河生态经济带发展规划，全面推进淮河流域生态文明建设。

3. 立法与管理措施

2006 年，国家环境保护总局发布了《淮河流域水污染防治"十一五"规划》，淮委编制了《淮委应对突发性重大水污染事件应急预案》。2008 年 4 月，国务院印发《淮河、海河、辽河、巢湖、滇池、黄河中上游等重点流域水污染防治规划（2006—2010 年）》。2011 年 3 月，国务院办公厅转发《关于切实做好进一步治理淮河工作的指导意见》，要求从实际情况出发，全面规划、统筹兼顾，标本兼治、综合治理，工程措施和非工程措施相结合，统筹解决好防洪排涝和水资源利用与保护之间的问题，加强水生态环境保护；同年 12 月，国务院印发《国家环境保护

"十二五"规划》，明确淮河流域要突出抓好氨氮控制，干流水质基本达到Ⅲ类。2012 年 1 月，淮委研究制订了《2012 年淮河水污染联防工作方案》；2012 年 5 月，环境保护部印发《重点流域水污染防治规划（2011—2015 年）》；2014 年 10 月，淮委印发《2015 年流域水污染联防工作方案》。2015 年 4 月，国务院印发《水污染防治行动计划》（简称"水十条"）明确提出 2020 年淮河等七大重点流域水质优良（达到或优于Ⅲ类）比例总体要达到 70%以上；同年 11 月，淮河流域建立跨部门水环境保护协作机制。2017 年 10 月，环境保护部、国家发展与改革委员会、水利部联合印发《重点流域水污染防治规划（2016—2020 年）》，要求到 2020 年，淮河流域水质优良断面比例总体达到 60%以上，劣Ⅴ类比例要低于 3%。2017 年印发的《全国水资源保护规划（2016—2030）》，明确规定淮河区 2030 年主要污染物质化学需氧量和氨氮入河限制排污量分别为 26.6 万 t 和 1.9 万 t。2018 年 11 月，国家发展和改革委员会正式印发了《淮河生态经济带发展规划》，实施年限为 2018～2035 年，目标是全力推进淮河流域生态文明建设，决胜全面建成小康社会并向现代化迈进。

第3章 淮河水质特征与污染负荷分析

"九五"以来，淮河被国家列为重点治理的"三河三湖"之首，是我国最早进行水污染综合治理的重点河流之一。十多年以来，国家在淮河流域污染治理方面投入了大量的人力、物力和财力，流域水污染趋势得到了一定程度的遏制，但总的来说，淮河水污染问题并未根本解决，流域水污染治理未能实现预期目标。究其原因，除了流域经济发展加快、治污技术落后、管理机制有待完善、治污投入还需加强以外，在流域层面上缺乏具有长期战略性指导的流域污染系统治理的总体方案是更深层次的原因。过去"头痛医头、脚痛医脚"的局部行为不仅收效甚微，而且造成人力、物力、财力的重复和浪费，无序分散治污行为难以根本解决淮河水污染问题。因此，在"十一五"水专项启动淮河项目之后，重点对淮河流域的水污染特征、成因及关键问题进行了分析与总结，以期弄清流域水污染主要成因，识别流域水污染治理关键问题，并提出清晰简洁的流域水污染控制与治理战略思路和策略，为科学治理淮河流域提供科学依据[8]。

3.1 流域水质时空特征

3.1.1 "十一五"期间水质变化

"十一五"期间，淮河流域污染的总体特征与发展态势为：总体水质有所改善，但局部污染仍然严峻。根据 2006～2010 年统计数据，2006～2008 年 3 年间，淮河流域总体水质为中度污染，从 2009 年起升级为轻度污染。淮河流域干流水质在 5 年间分别呈现"好转"—"有所下降"—"明显好转"—"有所好转"—"有所好转"的变化趋势，2009 年，由轻度污染升级为总体良好，2010 年进一步升级到总体优。支流与省界河段水质无明显变化，均处于中度污染水平。详见表 3-1。

表 3-1　"十一五"期间淮河流域水质总体变化

		2006 年	2007 年	2008 年	2009 年	2010 年
水质情况	水系	中度污染	中度污染	中度污染	轻度污染	轻度污染
	干流	轻度污染	轻度污染	轻度污染	总体良好	总体优
	支流	中度污染	中度污染	中度污染	中度污染	中度污染
	省界河段	中度污染	—	中度污染	中度污染	中度污染
与上年相比	干流	好转	有所下降	明显好转	有所好转	有所好转
	支流	好转	无明显变化	无明显变化	无明显变化	无明显变化
	省界河段	无明显变化	—	无明显变化	无明显变化	有所好转

从各类水的比重上看，"十五"到"十一五"期间，淮河流域水质总体呈改善趋势，Ⅴ类、劣Ⅴ类水质断面明显减少，比重从 2001 年的 59.7% 下降到 25.6%；Ⅰ～Ⅳ类水质断面明显增多，比重从 2001 年的 40.3% 上升到 74.4%。特别是"十一五"期间，Ⅴ类、劣Ⅴ类水质断面比重从 45% 降到了 25.6%，下降了近 20 个百分点；Ⅰ～Ⅲ类水质断面比重从 17% 上升到了 41.9%，增了一倍有余。详见图 3-1。

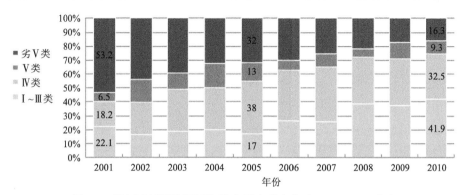

图 3-1　淮河流域国控断面各类水质比重变化（2001～2010 年）

从空间上来看，"十一五"期间，淮河流域各河流水系水质各有改善，其中干流水质明显改善，从 2007 年的 IV 类水质为主提高到现在的以 III 类为主。主要支流水质变化不大，V 类、劣 V 类的河段有所减少；沂河、沭河段支流在"十一五"期间基本摆脱 IV 类水，颍河、贾鲁河段支流在"十一五"期间水质类别变化不大，仍主要处于 V 类、劣 V 类。详见图 3-2。

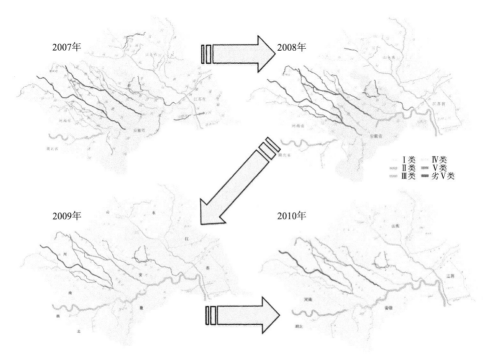

图 3-2　淮河流域主要河段水质空间变化（2007～2010 年）

3.1.2　流域总体水质

从水质空间特征来看，流域上游沙颍河子流域、沂沭泗河水系与下游入海河流水污染较为严重。另根据 2010 年《中国环境统计年鉴》数据，淮河流域水质为 I ～ III 类的河长为 8558 km，占评价河长（22023 km）的 38.9%；水质劣于 III 类的河长达到 13465 km，占 61.1%，其中水质劣于 V 类的河长 4566 km，占评价河长的 20.7%，表明淮河流域水体质量依然不容乐观。

2010 年，淮河流域共布设 98 个国控断面，其中河流水质监测断面 86 个，湖

泊水质监测点位 12 个。86 个河流型国控断面中，Ⅰ～Ⅲ类、Ⅳ类、Ⅴ类和劣Ⅴ
类水质的断面比例分别为 41.9%、32.5%、9.3% 和 16.3%，按超标频次从高到低的
污染因子依次为氨氮、COD、总磷、生化需氧量、高锰酸盐指数、石油类等。湖
泊型国控断面布设在洪泽湖和南四湖上，Ⅳ类断面 1 个；Ⅴ类断面 9 个；劣Ⅴ类
断面 1 个，南四湖岛东断面（总磷劣Ⅴ类）。洪泽湖的主要污染因子为总磷，南四
湖主要污染因子为总磷、COD。2010 年，氨氮超标的河流型国控断面占总断面的
23.3%，超标倍数多在 1～3 倍，氨氮已成为淮河流域的首要污染因子。详见表 3-2、
图 3-3 和图 3-4。

表 3-2　淮河流域水质状况表

类型	类别	Ⅰ～Ⅲ类	Ⅳ类	Ⅴ类	劣Ⅴ类	合计
河流	断面个数	36	28	8	14	86
	所占比例（%）	41.9	32.5	9.3	16.3	100
湖泊	断面个数	0	1	9	1	11
	所占比例（%）	0	9.1	81.8	9.1	100

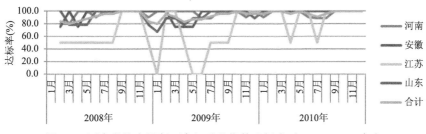

图 3-3　国家考核省界断面高锰酸盐指数达标率（2008～2010 年）

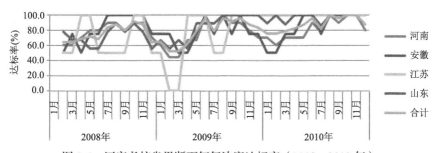

图 3-4　国家考核省界断面氨氮浓度达标率（2008～2010 年）

对水质与水资源量进行叠加分析，如图 3-5 所示。可以看出，水资源量充足

的地方水质较好，水资源量缺失的地方水质较差。比如沙颍河流域，上游地区年降水量低于 600 mm，下游地区年降水量也在 800 mm 以下，属于水资源量贫乏的区块。从水质上看，沙颍河及其支流水质大多在 V 类与劣 V 类。

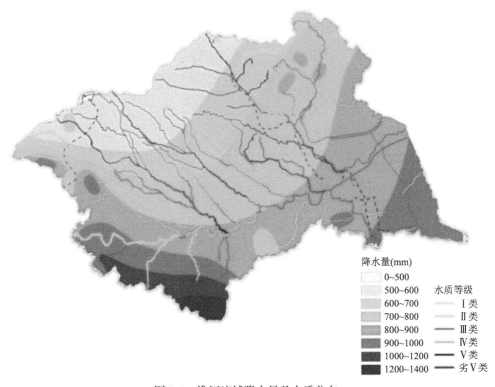

降水量(mm)

- 0~500
- 500~600   水质等级
- 600~700   ⅣＶＶＷ Ⅰ 类
- 700~800   ﹏﹏﹏ Ⅱ 类
- 800~900   ———— Ⅲ 类
- 900~1000   ━━━━ Ⅳ 类
- 1000~1200   ━━━━ Ⅴ 类
- 1200~1400   ━━━━ 劣 Ⅴ 类

图 3-5　淮河流域降水量及水质分布

3.1.3　干流和主要支流水质

1. 干支流水质现状

根据《2010 中国环境状况公报》，淮河干流水质总体为优。与上年相比，水质有所好转。14 个断面中，年均值达标 13 个，仅王家坝断面的石油类和总磷超标。支流总体为中度污染。主要污染指标为五日生化需氧量、高锰酸盐指数和氨氮。与上年相比，水质无明显变化。16 个主要支流断面中，年均值超标 7 个，其中涡河亳州、贾鲁河西华大王庄、新濉河大屈、惠济河东孙营、包河马桥等河流断面常年处于劣 V 类。详见图 3-6。

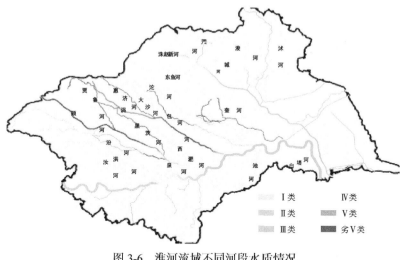

图 3-6　淮河流域不同河段水质情况

2. 干支流水质演变分析

以高锰酸盐指数和氨氮作为两个主要指标，对近年来淮河流域干支流水质演变情况进行分析，可以看出，近年来干支流水质均处于好转趋势，且干流水质优于支流水质，干流高锰酸盐指数与氨氮均达到Ⅲ类水质标准，而支流的高锰酸盐指数与氨氮均未能达标，尤其是氨氮浓度，距离Ⅲ类水质标准有相当大距离。具体见图 3-7 及图 3-8。

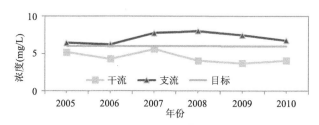

图 3-7　淮河流域干、支流水质 COD_{Mn} 达标情况（2005～2010 年）

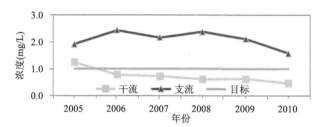

图 3-8　淮河流域干、支流水质氨氮达标情况（2005～2010 年）

以下根据淮河流域 27 个自动监测断面近年来的监测数据对淮河流域干流与主要支流的水质演变情况进行逐一分析。

1）干流

通过监测结果可以看出，淮河干流的 6 个断面（安徽蚌埠闸、安徽滁州小柳巷、安徽阜南王家坝、安徽淮南石头埠、河南信阳淮滨水文站、江苏盱眙淮河大桥）的 COD 和氨氮水质指标显示淮河干流水质能达Ⅲ类水水质标准。其中，COD 没有明显的季节性变化规律，且各断面 COD 指标均能达到Ⅰ类水质标准；氨氮波动呈明显季节性，丰水期水质较好，枯水期水质较差。同时，2005 年以来，氨氮指标有着一定的改善。2007 年以前，安徽蚌埠闸、安徽阜南王家坝、安徽淮南石头埠、江苏盱眙淮河大桥显示枯水期氨氮指标属于劣Ⅴ类标准，而2010 年，各断面枯水期氨氮指标均满足Ⅲ类水质标准，说明"十一五"期间对氨氮排放的控制初见成效。另外，在河南省淮河流域及江苏省淮河流域，干流沿程 COD 和氨氮浓度有逐渐增大趋势，沿程水质逐渐变差，这主要是由于上游污染源的影响导致污染物累积，在短时间内无法进行自净从而导致下游断面水质变差。

干流断面水质变化详见图 3-9 至图 3-14。

河南信阳淮滨水文站断面位于淮河干流上游，从水质上看，2007 年以来，COD 和氨氮浓度都有明显改善，并且都能够达标。详见图 3-9。

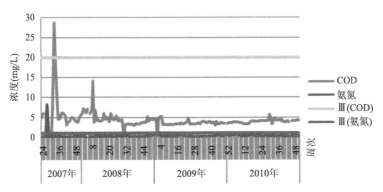

图 3-9　河南信阳淮滨水文站断面水质情况（2007～2010 年）

安徽阜南王家坝断面位于淮河干流中游，石头埠断面上游，从水质上看，2005 年以来，COD 和氨氮浓度都有所下降，能够达标。详见图 3-10。

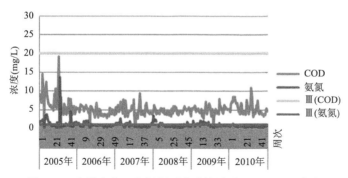

图 3-10　安徽阜南王家坝断面水质情况（2005～2010 年）

　　安徽淮南石头埠断面位于淮河干流中游，蚌埠闸断面上游，从水质上看，2005 年以来，COD 和氨氮浓度都有所下降，其中氨氮浓度下降明显，已经能够达标。详见图 3-11。

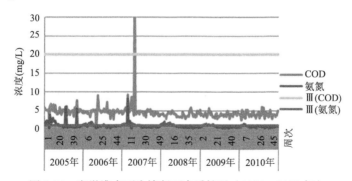

图 3-11　安徽淮南石头埠断面水质情况（2005～2010 年）

　　安徽蚌埠闸位于淮河干流下游，安徽滁州小柳巷断面上游，从水质上看，2005 年以来 COD 和氨氮浓度都有所下降，能够达标。详见图 3-12。

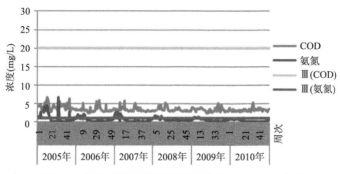

图 3-12　安徽蚌埠闸断面水质情况（2005～2010 年）

安徽滁州小柳巷断面位于淮河干流下游，江苏盱眙大桥断面上游，从水质上看，2007 年以来 COD 浓度变化不大但趋于稳定，氨氮浓度有明显的降低，两者都已能达标。详见图 3-13。

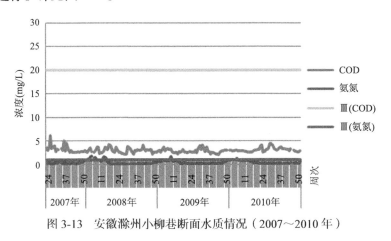

图 3-13　安徽滁州小柳巷断面水质情况（2007～2010 年）

江苏盱眙淮河大桥断面位于淮河干流下游，从水质上看，2005 年以来，COD 浓度变化不大但趋于稳定，氨氮浓度有明显的降低，两者都已能达标。详见图 3-14。

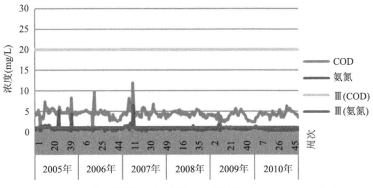

图 3-14　江苏盱眙淮河大桥断面水质情况（2005～2010 年）

2）支流

监测数据显示：除了安徽亳州颜集和安徽宿州杨庄两个断面外，淮河支流重点断面的 COD 指标大多也能达到 I 类标准。安徽亳州颜集断面位于豫-皖省界的包河，2010 年的 COD 指标达到 III 类水质标准；安徽宿州杨庄断面位于苏-皖省界的奎河，2010 年的 COD 指标波动较大，最差时超过 V 类水质标准。氨氮指标差异较大，有14个支流断面2010年枯水期氨氮指标能达到Ⅲ类水质标准，7个断面2010年枯水期氨氮指标超过Ⅴ类水质标准。超标断面包括安徽亳州颜集、安徽阜阳徐庄、安徽阜阳张家桥、安徽淮北小王桥、安徽界首七渡口、安徽宿州杨庄、河南周口沈丘闸，集中在污染最为严重的上中游流域干流北翼。其中安徽阜阳张家桥、安徽亳州颜集、安徽宿州杨庄超标严重。这些断面都分布在豫-皖省界和苏-皖省界的支流上，而且以豫-皖省界、安徽境内居多。14个达标断面氨氮指标年度变化显示，2007年后氨氮浓度有着一定程度的降低，安徽阜阳徐庄、安徽界首七渡口、河南周口沈丘闸断面中氨氮指标虽然仍旧较高，但也有逐年降低的趋势，这表明"十一五"期间这些地区的氨氮排放得到了一定的控制；安徽亳州颜集、安徽阜阳张家桥、安徽淮北小王桥、安徽宿州杨庄这些分布在豫-皖省界的支流断面，氨氮指标变化不明显。

支流断面水质变化见图3-15至图3-35。

包河：安徽亳州颜集断面位于包河中游，豫-皖省界，从水质上看，2007年以来COD浓度略有改善，一年之中COD浓度随时间波动较大，但到2010年已能达标；氨氮情况变化不大，水质随季节变化明显，波动区间很广，已达到劣Ⅴ类水平。详见图3-15。

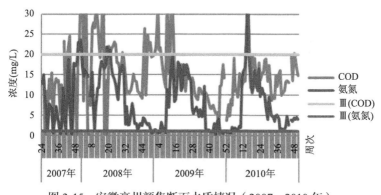

图3-15　安徽亳州颜集断面水质情况（2007～2010年）

黑茨河：安徽阜阳张家桥断面位于黑茨河下游，豫-皖省界，从水质上看，2007年以来，COD、氨氮水平没有改善，其中COD浓度随时间波动较大但仍能达标，氨氮浓度随时间波动也很强，能达到劣Ⅴ类水平。详见图3-16。

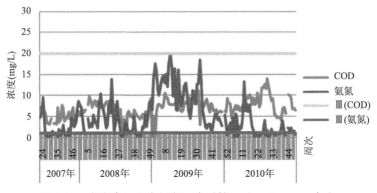

图 3-16　安徽阜阳张家桥断面水质情况（2007～2010 年）

泉河：安徽阜阳徐庄断面位于泉河上游，豫-皖省界，从水质上看，2007 年以来 COD 情况有所恶化，但仍能达标；氨氮情况有所改善，基本能够达标。详见图 3-17。

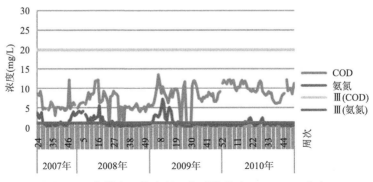

图 3-17　安徽阜阳徐庄断面水质情况（2007～2010 年）

颍河：安徽界首七渡口断面位于颍河中游，豫-皖省界，从水质上看，COD 情况改善不大，但已经达标；氨氮情况有所改善，但仍位于劣 V 类水平。详见图 3-18。

沱河：安徽淮北小王桥位于沱河上游，豫-皖省界，从水质上看，2005 年以来，COD 和氨氮情况没有改善，反而波动较大，COD 能完全达标，氨氮基本达标。详见图 3-19。

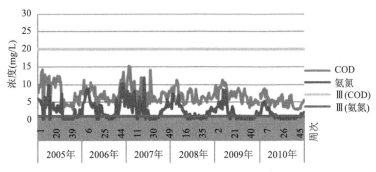

图 3-18　安徽界首七渡口断面水质情况（2005～2010 年）

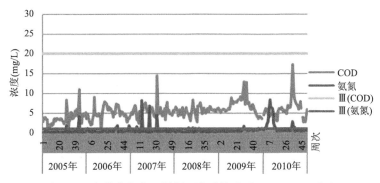

图 3-19　安徽淮北小王桥断面水质情况（2005～2010 年）

新汴河：安徽宿州泗县公路桥断面位于新汴河下游，皖-苏省界，从水质上看，2007 年以来 COD 和氨氮浓度变化不大。详见图 3-20。

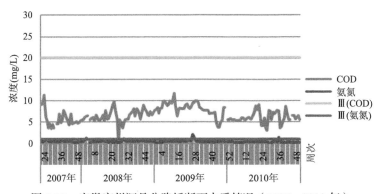

图 3-20　安徽宿州泗县公路桥断面水质情况（2007～2010 年）

奎河：安徽宿州杨庄位于奎河，苏-皖省界，从水质上看，2007 年以来，COD

情况有所改善，但仍能大幅超过标准；氨氮情况变化不大，达到劣 V 类水平。详见图 3-21。

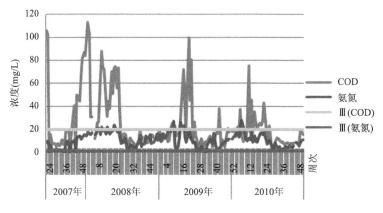

图 3-21　安徽宿州杨庄断面水质情况（2007～2010 年）

史灌河：河南信阳蒋集水文站断面位于史灌河下游，豫-皖省界，从水质上看，2007 年以来，COD 和氨氮情况变化不大，但都能达标。详见图 3-22。

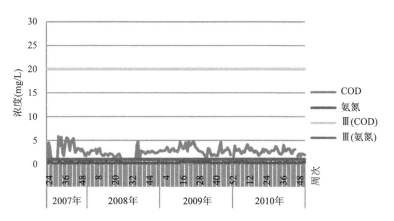

图 3-22　河南信阳蒋集水文站断面水质情况（2007～2010 年）

洺河：河南永城黄口断面位于洺河上游，豫-皖省界，从水质上看，2007 年以来，COD 和氨氮情况有所好转，2009～2010 年变化趋于平稳，均能达标。详见图 3-23。

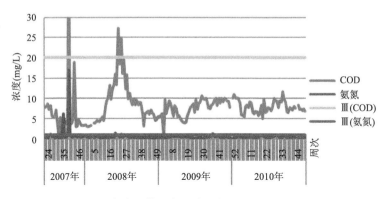

图 3-23　河南永城黄口断面水质情况（2007～2010 年）

涡河：河南周口鹿邑付桥闸位于涡河下游，豫-皖省界，从水质上看，2005 年以来，COD 和氨氮情况有明显好转，2009 年以后，COD 和氨氮均能达标。详见图 3-24。

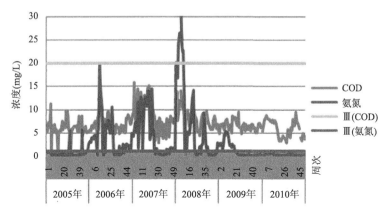

图 3-24　河南周口鹿邑付桥闸断面水质情况（2005～2010 年）

沙河：河南周口沈丘闸断面位于沙河闸上，从水质上看，2005 年以来，COD 和氨氮情况均有所好转，其中 COD 能够达标，而氨氮还处于劣 V 类水平。详见图 3-25。

洪汝河：河南驻马店班台位于洪汝河下游，豫-皖省界，从水质上看，2005 年以来，COD 和氨氮情况略有好转，变化不大，但均能达标。详见图 3-26。

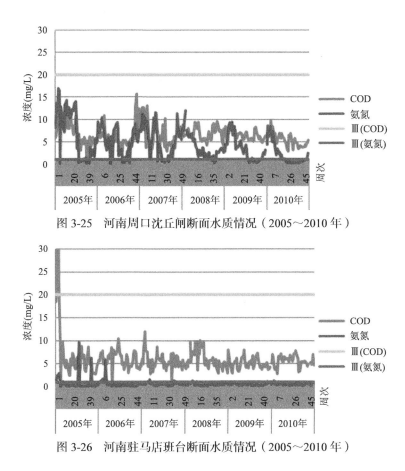

图 3-25　河南周口沈丘闸断面水质情况（2005～2010 年）

图 3-26　河南驻马店班台断面水质情况（2005～2010 年）

新沭河：江苏连云港大兴桥位于新沭河下游，鲁-苏省界，从水质上看，2005 年以来 COD 和氨氮情况变化不大，但均能达标。详见图 3-27。

图 3-27　江苏连云港大兴桥断面水质情况（2007～2010 年）

邳苍分洪道：江苏邳州邳苍艾山西大桥断面位于邳苍分洪道西偏泓，鲁-苏省界，从水质上看，2005 年以来，COD 和氨氮情况有较大的改善，近两年均能达标。详见图 3-28。

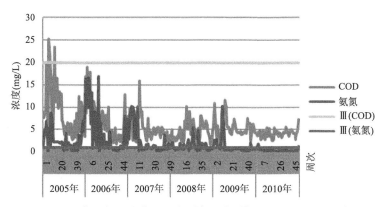

图 3-28　江苏邳州邳苍艾山西大桥断面水质情况（2005～2010 年）

武河：江苏徐州小红圈断面位于武河上游，鲁-苏省界，从水质上看，2007 年以来，COD 情况变化不大，能保持达标；氨氮情况有较大的改善，2010 年已经能保证达标。详见图 3-29。

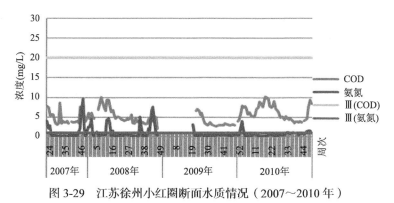

图 3-29　江苏徐州小红圈断面水质情况（2007～2010 年）

沿河：江苏徐州李集桥断面位于沿河上游，苏-鲁省界，从水质上看，2007 年以来，COD 和氨氮情况变化不大，一直保持达标。详见图 3-30。

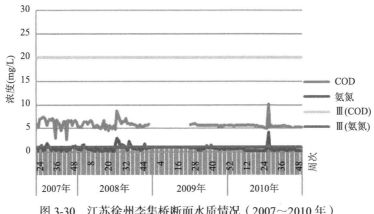

图 3-30　江苏徐州李集桥断面水质情况（2007～2010 年）

新濉河：江苏泗洪大屈断面位于新濉河下游，皖-苏省界，从水质上看，2007
年以来，COD 情况有所好转，能够达标；氨氮情况有明显好转，但偶尔仍会超标。
详见图 3-31。

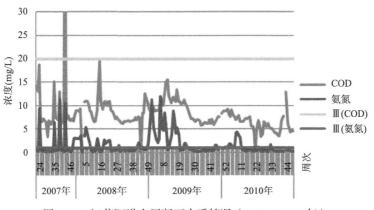

图 3-31　江苏泗洪大屈断面水质情况（2007～2010 年）

白马河：山东临沂涝沟桥断面位于白马河下游，鲁-苏省界，从水质上看，2007
年以来，COD 情况略有好转，氨氮情况变化不大，但两者都能保证达标。详见
图 3-32。

沭河：山东临沂清泉寺断面位于沭河下游，鲁-苏省界，从水质上看，2005
年以来 COD 和氨氮情况均有所好转，变化趋于平稳，能保证达标。详见图 3-33。

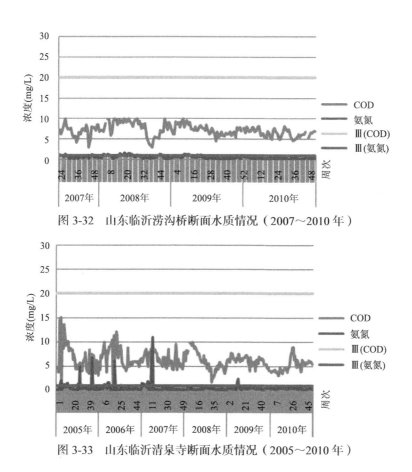

图 3-32　山东临沂涝沟桥断面水质情况（2007～2010 年）

图 3-33　山东临沂清泉寺断面水质情况（2005～2010 年）

沂河：山东临沂重坊桥断面位于沂河下游，鲁-苏省界，从水质上看，2007年以来，COD 和氨氮情况变化不大，但均能保证达标。详见图 3-34。

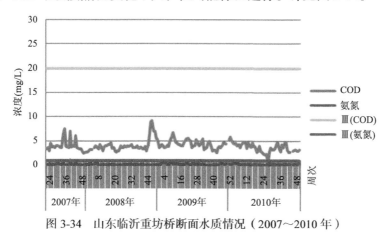

图 3-34　山东临沂重坊桥断面水质情况（2007～2010 年）

京杭大运河：山东枣庄台儿庄大桥断面位于京杭大运河上游，鲁-苏省界，从水质上看，COD 和氨氮浓度变化不大，但均能保证达标。详见图 3-35。

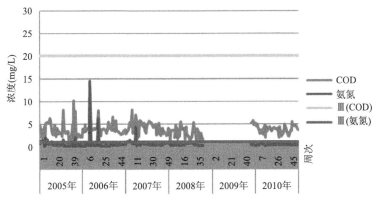

图 3-35　山东枣庄台儿庄大桥断面水质情况（2005～2010 年）

3. 重点支流水质时空特征

根据淮河流域主要支流水质分析，提取出贾鲁河、清潩河、黑河、泉河、颍河、惠济河、涡河、包河、浍河、沱河、奎河等重点支流，其中除颍河、涡河、沱河及奎河外，大多数支流主要位于河南省淮河流域境内，据此对其水质时空特征进行进一步分析，运用综合污染指数法计算各条支流的综合污染指数。如表 3-3 所示：各条支流水质总体呈改善趋势，污染状况逐渐减轻，其中惠济河在 11 条重点支流中污染最为严重，其次为奎河、包河、黑河、贾鲁河。

表 3-3　淮河流域 11 条重点支流综合污染指数（2005～2010 年）

编号	河流名称	2005 年	2006 年	2007 年	2008 年	2009 年	2010 年
1	包河	4.75	5.29	3.28	4.35	3.43	2.39
2	黑河	5.23	5.46	4.06	2.63	2.64	1.93
3	浍河	0.97	0.82	0.71	0.69	0.63	0.62
4	惠济河	11.41	9.46	9.88	7.31	5.94	4.42
5	贾鲁河	5.51	5.95	6.93	3.81	1.87	1.74
6	清潩河	1.83	1.43	2.01	1.88	1.76	1.47
7	泉河	1.08	2.39	1.74	1.05	1.29	0.89

续表

编号	河流名称	2005 年	2006 年	2007 年	2008 年	2009 年	2010 年
8	沱河	0.93	0.85	1.03	0.93	0.85	0.82
9	涡河	0.60	1.31	2.27	2.59	0.73	0.57
10	颍河	2.26	1.79	1.88	1.54	1.12	0.86
11	奎河	8.25	7.52	5.75	4.80	3.91	3.42

由于不同污染源对水质影响的机理不同，对于不同的水文状态，枯水期的水质最能反映出由于点源污染造成的河流污染程度；而丰水期的水质情况则主要反映了非点源污染的强度。据此对各条支流断面 2010 年水质数据分水期进行统计，从 COD 的污染情况来看，长台关甘岸桥断面、永城马桥断面、睢阳包公庙断面、新蔡丁湾断面、永城黄口断面、尖岗水库断面、沈丘李坟断面、汝南沙口断面、南湾水库断面、永城张桥断面及夏邑金黄邓断面 11 个断面丰水期的水质最差，主要是由于丰水期时，流域内雨量大，地表径流加大，固液体废弃物等带入到河流，造成较严重的污染，这与当地养殖业的迅猛发展造成的严重面源污染密切相关。从流域 COD 分水期均值上看，枯水期 > 平水期 > 丰水期，说明流域整体上枯水期水质最差，丰水期水质最好，但是三个水期的 COD 均值差别不大，说明流域COD 污染是由点源和非点源共同组成的，点源污染相对于非点源污染严重。从氨氮的污染情况来看，西平杨庄断面、开封太平岗桥断面、白龟山水库断面、南湾水库断面、禹州褚河大桥断面 5 个断面的丰水期水质最差，这与当地的种植业和养殖业的发展有关。丰水期时，尤其是在雨量充沛的夏季，种植业享有雨热同期的优势，这个时期作物生长最茂盛，农业中农药、化肥使用量最大，损失的农药、化肥及养殖业排放在野外的粪便等污染物被雨水冲入河流，河流中污染物聚集，造成该时期水质较差，这与当地的种植业和养殖业的发展有关。从流域氨氮分水期均值上看，枯水期 > 平水期 > 丰水期，说明流域整体上枯水期水质最差，丰水期水质最好；流域氨氮污染主要是由点源引起的。

3.1.4 省界断面水质

2010 年，淮河流域省界河段为中度污染。根据《2010 中国环境状况公报》，

33个断面中，Ⅰ～Ⅲ类、Ⅳ类、Ⅴ类和劣Ⅴ类水质的断面比例分别为24.2%、39.4%、15.2%和21.2%。主要污染指标为高锰酸盐指数、五日生化需氧量和石油类。泉河、颍河、浍河、包河、沱河、奎河的跨省界水质为劣Ⅴ类。详见表3-4。

表3-4　淮河流域省界断面各类水质比例（2006～2010年）

年份	Ⅰ～Ⅲ类	Ⅳ类	Ⅴ类	劣Ⅴ类
2006	16%	53%		31%
2008	21.2%	42.4%	6.1%	30.3%
2009	18.2%	45.4%	15.2%	21.2%
2010	24.2%	39.4%	15.2%	21.2%

水利部门提供的29个跨省界断面中，Ⅰ～Ⅲ类7个，占24.1%，Ⅳ类12个，占41.4%，Ⅴ类4个，占13.8%，劣Ⅴ类6个，占20.7%，主要污染因子为氨氮、COD、高锰酸盐指数（苏鲁大沙河、泉河、浍河、奎河仅有2011年1～2月监测数据，未检测石油类和总磷指标）。

淮河水资源报告中提供的49个省界断面中有16个处于Ⅴ类和劣Ⅴ类水，且这些断面多处于河南、安徽两省交界及江苏、安徽两省交界。详见表3-5。从图上看，达标率较低的断面也主要分布在豫-皖，苏-皖省界。详见图3-36。

表3-5　淮河流域省界断面水质类别

序号	河流名称	测站名称	流向		水质类别
			流出省份	流入省份	
1	淮河	王家坝	河南	安徽	Ⅲ
2	淮河	小柳巷	安徽	江苏	Ⅲ
3	沙颍河	界首沙颍河桥	河南	安徽	Ⅴ
4	涡河	鹿邑付桥闸上	河南	安徽	Ⅳ
5	洪河	班台	河南	安徽	Ⅴ
6	泉河	老沈丘李坟闸上	河南	安徽	Ⅴ
7	黑茨河	倪邱大桥	河南	安徽	劣Ⅴ
8	洺河	洺河大桥	河南	安徽	Ⅲ
9	油河	贾集闸上游公路桥	河南	安徽	Ⅲ
10	赵王河	亳州梅城	河南	安徽	Ⅲ

续表

序号	河流名称	测站名称	流向		水质类别
			流出省份	流入省份	
11	惠济河	东孙营闸上	河南	安徽	劣V
12	大沙河	包公庙闸上	河南	安徽	劣V
13	沱河	濉溪县刘楼	河南	安徽	劣V
14	东沙河	黄口闸上	河南	安徽	IV
15	包河	耿庄闸上	河南	安徽	劣V
16	史河	霍邱县赵台村	河南	安徽	III
17	史河	陈淋子下	安徽	河南	II
18	竹竿河	罗山县周党镇	湖北	河南	II
19	奎河	黄桥闸上	江苏	安徽	劣V
20	灌沟河	潘楼	江苏	安徽	劣V
21	琅溪河	铜山县马兰	江苏	安徽	劣V
22	闫河	铜山县官庄	江苏	安徽	劣V
23	新汴河	泗县公路桥	安徽	江苏	IV
24	新濉河	泗县八里桥	安徽	江苏	V
25	老濉河	泗洪中韩	安徽	江苏	IV
26	怀洪新河	峰山	安徽	江苏	III
27	废黄河	铜山县周庄闸	安徽	江苏	V
28	复新河	复新河闸上	江苏	山东	IV
29	大沙河	沛县龙固	江苏	山东	IV
30	沿河	沛县李集	江苏	山东	III
31	不牢河	蔺家坝闸上	山东	江苏	IV
32	沂河	310线港上桥	山东	江苏	II
33	武河	邳州小红圈（武）	山东	江苏	III
34	沙沟河	邳州小红圈（沙）	山东	江苏	IV
35	黄泥沟河	310线黄泥沟桥	山东	江苏	V
36	白马河	三捷庄闸上	山东	江苏	IV
37	邳苍分洪道西偏泓	邳苍公路桥（西）	山东	江苏	III
38	邳苍分洪道东偏泓	邳苍公路桥（东）	山东	江苏	IV

续表

序号	河流名称	测站名称	流向		水质类别
			流出省份	流入省份	
39	新沭河	大兴桥	山东	江苏	Ⅲ
40	中运河	山头桥（福运码头）	山东	江苏	Ⅲ
41	石门头河	石门头桥	山东	江苏	劣Ⅴ
42	龙王河	壮岗	山东	江苏	Ⅴ
43	白家沟	苍山县后台村公路桥	山东	江苏	Ⅳ
44	西泇河	苍山县横山公路桥	山东	江苏	Ⅱ
45	汶河	苍山县南桥公路桥	山东	江苏	Ⅳ
46	东泇河	苍山县南桥镇官家桥	山东	江苏	Ⅳ
47	青口河	赣榆（黑林镇）	山东	江苏	Ⅳ
48	绣针河	绣针河204公路桥	山东	江苏	Ⅲ
49	沭河	高峰头	山东	江苏	Ⅳ

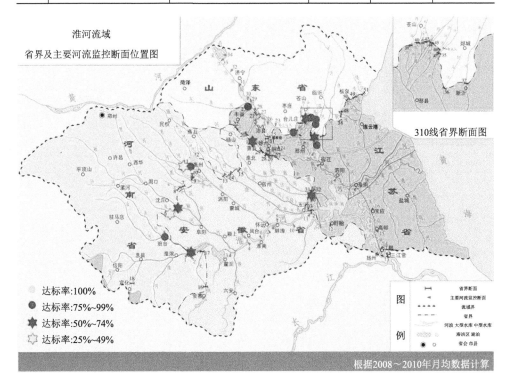

图 3-36 淮河流域省界及主要河流监测断面位置图

3.1.5 水功能区水质

2000~2010 年淮河流域水功能区水质评价结果见表 3-6，水功能区水质类别比例变化趋势见图 3-37。

表 3-6 淮河流域水功能区水质评价（2000~2010 年）（%）

年份	水功能区个数	Ⅰ类	Ⅱ类	Ⅲ类	Ⅳ类	Ⅴ类	劣Ⅴ类	其中：满足Ⅲ类	其中：Ⅴ及劣Ⅴ类
2000	249	0.4	15.7	18.9	18.1	5.2	41.8	34.9	47.0
2001	249	0.4	15.7	24.1	15.3	8.4	36.1	40.2	44.6
2002	249	0.4	20.5	20.9	12.9	8.0	37.3	41.8	45.4
2003	249	0.8	13.3	21.3	11.6	8.0	45.0	35.3	53.0
2004	249	1.2	16.9	20.5	14.5	11.2	35.7	38.6	47.0
2005	249	0.0	17.7	22.9	18.5	7.6	33.3	40.6	41.0
2006	249	1.2	14.1	27.7	16.5	9.6	30.9	43.0	40.6
2007	249	1.6	17.3	23.3	20.1	7.2	30.5	42.2	37.8
2008	249	1.2	18.5	22.9	21.3	8.8	27.3	42.6	36.1
2009	249	1.2	20.9	25.3	19.7	8.8	24.1	47.4	32.9
2010	249	1.2	11.3	32.1	22.1	10.8	22.5	44.6	33.3

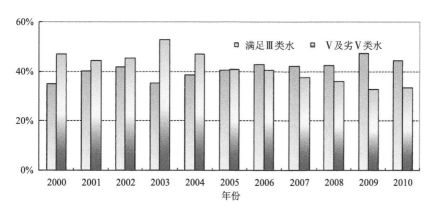

图 3-37 淮河流域水功能区水质类别比例变化（2000~2010 年）

从达标情况来看（表 3-7），淮河流域 2000 年达标比例为 22.5%，2003 年下降到 18.5%，2010 年达标比例为 37.6%，比 2000 年上升了 15.1 个百分点，水质达标比例总体呈缓慢上升趋势。其中保护区、保留区、工业用水区、农业用水区水质达标比例略呈上升趋势，其余水功能区水质无明显变化。

表 3-7　淮河流域水功能区水质达标情况（2000～2010 年）（%）

分类水功能区	个数	2000 年	2001 年	2002 年	2003 年	2004 年	2005 年	2006 年	2007 年	2008 年	2009 年	2010 年
保护区	49	46.9	40.8	44.9	28.6	49.0	51.0	44.9	38.8	44.9	53.1	53.1
保留区	10	40.0	70.0	50.0	50.0	70.0	70.0	70.0	70.0	80.0	80.0	90.0
缓冲区	27	0.0	0.0	0.0	0.0	3.7	3.7	0.0	0.0	3.7	7.4	14.8
饮用水源区	34	35.3	20.6	41.2	32.4	20.6	26.5	26.5	20.6	26.5	32.4	32.4
工业用水区	16	12.5	31.3	37.5	18.8	37.5	37.5	56.3	50.0	50.0	50.0	56.3
农业用水区	61	16.4	16.4	14.8	9.8	23.0	18.0	13.1	14.8	13.1	24.6	31.1
渔业用水区	6	33.3	33.3	0.0	50.0	16.7	0.0	0.0	0.0	0.0	0.0	16.7
景观娱乐用水区	11	0.0	18.2	18.2	9.1	9.1	9.1	0.0	9.1	0.0	9.1	18.2
过渡区	4	0.0	0.0	0.0	0.0	0.0	0.0	0.0	0.0	0.0	0.0	25.0
水功能区合计	249	22.5	22.9	24.1	18.5	26.9	25.7	23.3	23.3	25.3	31.7	37.6

3.1.6　重点区域水质

1. 沙颍河流域

根据监测结果，贾鲁河中牟陈桥断面 COD 在 36.1～99.0 mg/L 之间，均值 51.1 mg/L，氨氮在 2.3～42.4 mg/L 之间，均值 12.4 mg/L，为劣 V 类水质。贾鲁河大王庄断面 COD 在 24.6～49.7 mg/L 之间，均值 31.3 mg/L，氨氮在 0.5～15.1 mg/L 之间，均值 6.7 mg/L，总体为劣 V 类水质。河南省沙颍河出境沈丘纸店断面 COD 在 11.0～35.6 mg/L 之间，均值 23.4 mg/L，氨氮在 0.1～9.7 mg/L 之间，均值 2.0 mg/L，总体为劣 V 类水质。可以看出，贾鲁河从上游到下游的过程中，水质逐步得到改善，但依然难以达到 IV 类水体功能区的水质目标。详见图 3-38。

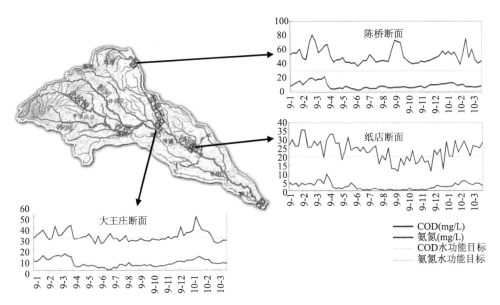

图 3-38 2009 年 1 月至 2010 年 3 月贾鲁河和沙颍河水质断面 COD、氨氮变化

2. 淮河干流-洪泽湖区域

淮河干流水质总体为优，洪泽湖总体为 V 类水质、轻度富营养，主要污染指标为总磷、总氮。2005～2010 年，淮河干流国控断面水质变化显示，"十一五"期间各断面水质持续改善。洪泽湖 7 个监测点位水质均为 V 类，主要污染因子为总磷，超标倍数均在 1～2 倍之间，营养状态为轻度富营养。根据湖泊生态安全调查结果，近几年洪泽湖生态系统综合健康状况良好，但存在恶化趋势。湖区围网养殖面积约 30 万亩，占洪泽湖水域面积的 12.5%。

3. 南水北调东线区域

江苏淮河流域南水北调东线工程重点功能区共有 63 个水质监测断面，2006～2010 年断面水功能区达标率有所提升，最大值是 37.25%。2010 年，淮河流域南水北调东线 39 个考核断面中，河流型断面 34 个，湖库型断面 5 个；其中山东省 25 个，江苏省 14 个。山东省调水干线的梁济运河邓楼断面和京杭运河李集断面超标，主要超标因子为氨氮、高锰酸盐指数、石油类、总磷。7 个入南四湖河流断面超标，主要集中分布在洙赵新河、东鱼河、泗河、洸府河、泉河、洙水河、老运河等河流上。南四湖湖体 5 个断面均超标，主要超标因子为 COD 和总磷。江苏省 14 个断面水质年均值均达标，复新河、房亭河、徐沙河、老汴河、北澄子河的个别月份偶有超标，主要超标因子为氨氮、高锰酸盐指数，其中氨氮在枯水季超标，呈现明显的季节性特征，高锰酸盐指数超标次数渐减。

3.2 流域污染负荷分析

3.2.1 流域水污染物排放总体情况

如表 3-8 所示，2010 年，淮河流域 COD 排放量为 269.14 万吨，氨氮排放量为 28.44 万吨。

表 3-8　2010 年淮河流域水体污染负荷分市列表

省	地市	COD 排放量（t）				氨氮排放量（t）			
		工业	生活	农业源	合计	工业	生活	农业源	合计
河南	郑州市	10342	38712	24000	73054	526	9075	1929	11530
	开封市	13014	25277	43601	81892	1471	3915	3480	8866
	洛阳市	717	1448	39888	42053	126	315	3222	3663
	平顶山市	12789	24391	54556	91736	1239	4663	4561	10463
	许昌市	5192	15462	46726	67380	210	2531	3646	6387
	漯河市	3760	3263	29773	36796	108	993	1839	2940
	南阳市	269	883	70771	71923	27	139	6100	6266
	商丘市	10856	36739	66995	114590	426	5176	6169	11771
	信阳市	5003	29627	65758	100388	361	4208	5624	10193
	周口市	9861	53955	72172	135988	1020	7148	6235	14403
	驻马店市	12061	32429	97440	141930	844	4765	7841	13450

续表

省	地市	COD 排放量（t）				氨氮排放量（t）			
		工业	生活	农业源	合计	工业	生活	农业源	合计
安徽	合肥市	156	1418	17869	19443	8	169	1606	1782
	蚌埠市	4824	9089	25902	39815	324	2253	2482	5060
	淮南市	6303	21006	7138	34446	1172	3127	1025	5324
	淮北市	3003	13842	5797	22642	253	1578	589	2420
	滁州市	2789	33247	30958	66994	141	3236	3041	6418
	阜阳市	4190	33459	52162	89811	2044	4620	3925	10589
	宿州市	8461	22630	39778	70868	703	3247	2986	6936
	六安市	5501	32089	42195	79785	397	4618	2593	7608
	亳州市	3936	23185	26563	53685	615	3441	2197	6253
江苏	徐州市	16374	65510	57218	139102	947	7941	4968	13857
	南通市	7449	29339	32302	69090	948	3714	2281	6943
	连云港市	5732	47509	26302	79543	463	6365	2345	9174
	淮安市	11582	50561	34428	96572	1349	7003	1915	10267
	盐城市	20301	86240	68109	174650	2839	10094	5144	18076
	扬州市	19897	44855	20426	85178	931	5660	1351	7942
	泰州市	7111	15319	22609	45039	435	1818	1463	3716
	宿迁市	9940	43856	31038	84833	928	5882	2817	9627
山东	淄博市	816	2158	15250	18224	98	426	1091	1615
	枣庄市	6023	21499	17391	44914	300	3809	1279	5388
	济宁市	9316	37008	73478	119802	431	6772	4778	11981
	泰安市	1010	7493	16969	25471	61	1446	1169	2676
	日照市	1550	5856	19594	27000	125	1027	1052	2204
	临沂市	7917	54553	66648	129118	700	10531	4329	15561
	菏泽市	12557	49571	55516	117643	904	7700	4488	13092

表 3-9 及图 3-39 展示了各省 COD 和氨氮排放情况。四省淮河流域中河南省排放量居第一位，分别占流域 COD 排放量的 35.6% 和氨氮排放量的 35.1%。中下游三省淮河流域排放量接近，安徽省淮河流域排放量相对最小。其中安徽省淮河流域 2010 年 COD 和氨氮排放量分别占流域排放量的 17.7% 和 18.4%；江苏省淮河流域 2010 年 COD 和氨氮排放量分别占流域排放量的 28.8% 和 28.0%；山东省淮河流域 2010 年 COD 和氨氮排放量分别占流域排放量的 17.9% 和 18.5%。

表 3-9   2010 年淮河流域水体污染负荷分省列表

省/流域	COD 排放量（万 t）				氨氮排放量（万 t）			
	工业	生活	农业源	合计	工业	生活	农业源	合计
河南	8.39	26.22	61.17	95.78	0.64	4.29	5.06	9.99
安徽	3.92	19.00	24.84	47.76	0.57	2.63	2.04	5.24
江苏	9.84	38.32	29.24	77.40	0.88	4.85	2.23	7.96
山东	3.92	17.81	26.48	48.21	0.26	3.17	1.82	5.25
淮河流域	26.07	101.35	141.73	269.15	2.35	14.94	11.15	28.44

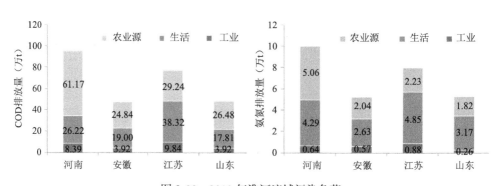

图 3-39   2010 年淮河流域污染负荷

图 3-40 为淮河流域 13 个水文分区 COD、氨氮负荷总量及地均量。由图可看出，各水文分区的 COD 排放总量集中分布于王蚌区间北岸、沂沭河区、里下河区和蚌洪区间北岸，占全流域的 61%，地均 COD 排放量较大的则分布于王蚌区间北岸、湖东区和里下河区。氨氮的空间分布与 COD 类似，各水文分区的氨

氮排放总量集中分布于王蚌区间北岸、沂沭河区、里下河区和蚌洪区间北岸，占全流域的 62%，地均氨氮排放量较大的地区是王蚌区间北岸、湖东区和里下河区。

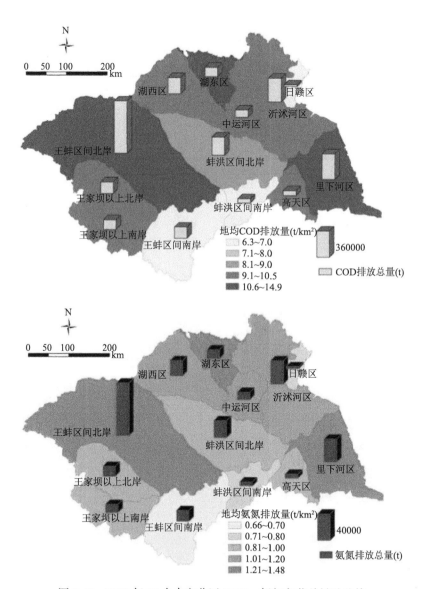

图 3-40　2010 年 13 个水文分区 COD、氨氮负荷总量及地均

3.2.2 流域水污染物排放总体结构

对淮河流域水污染物排放的总体结构进行分析, COD 排放的 52.7%来自农业源, 氨氮排放主要来自于工业生活源, 占总排放量的 60.8%。总体而言, 工业生活源与农业源在淮河流域水污染物排放中所占比重接近, 农业源已成为与工业生活源同等重要的污染贡献源。

对流域四省的排放总体结构进行比较, 河南省淮河流域的农业源贡献率最高, 分别占其 COD 排放量的 63.9%和氨氮排放量的 50.7%。山东省淮河流域的农业源排放也在其 COD 排放中居首位, 占 54.9%。山东省淮河流域氨氮排放与安徽、江苏两省淮河流域的污染物排放仍以工业生活源排放为主。具体如图 3-41 所示。

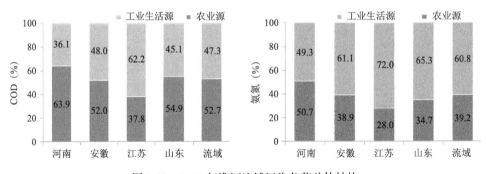

图 3-41 2010 年淮河流域污染负荷总体结构

淮河流域水污染物排放负荷结构在各水文分区上也较为不同, 图 3-42 为淮河流域 13 个水文分区 COD、氨氮负荷结构及地均。由图可看出, 在各水文分区的 COD 负荷来源中, 畜禽养殖和生活污染排放占比重最大。其中, 畜禽养殖 COD 排放比重占负荷总量 50%以上的有王蚌区间北岸、王家坝以上北岸、王家坝以上南岸和湖东区。氨氮的各项负荷来源中, 生活排放和畜禽养殖占比重最大。其中, 除王家坝以上北岸、王家坝以上南岸两地的畜禽养殖氨氮达到 50%, 其他各分区的生活氨氮排放均超过负荷总量的 50%。

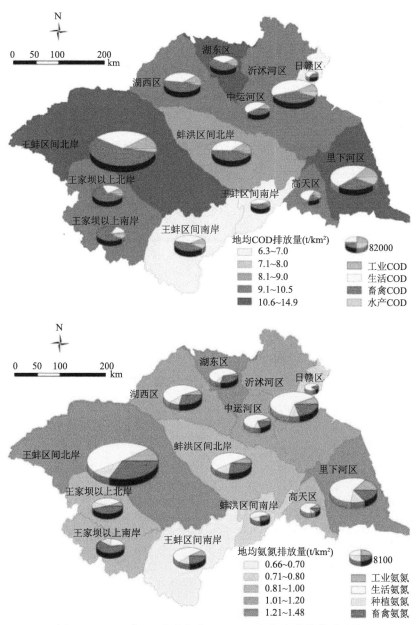

图 3-42　2010 年 13 个水文分区 COD、氨氮负荷结构及地均

3.2.3　流域工业生活源水污染物排放特征

工业生活源排放包括工业排放与城镇生活排放。对流域工业生活源水污染物

排放结构的分析表明，城镇生活已经成为流域污染物排放的主要来源。自 1999 年流域内生活污水排放量首次超过工业废水排放量以来，两者的差距逐年加大。目前无论是废水排放量，还是 COD 和氨氮排放量，生活源均为工业源的数倍。据统计，2010 年淮河流域工业生活源 COD 排放总量为 127.42 万吨，其中城镇生活 COD 排放量为 101.35 万吨，占工业生活源 COD 排放量的 79.5%；流域工业生活源氨氮排放总量为 17.29 万吨，其中城镇生活氨氮排放量为 14.94 万吨，占工业生活源氨氮排放量的 86.4%。流域及四省的工业生活源排放结构如图 3-43 所示。

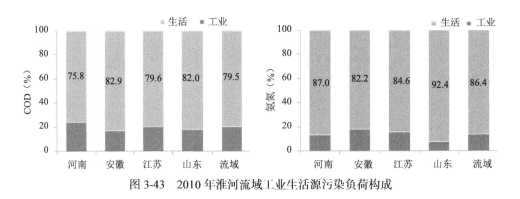

图 3-43　2010 年淮河流域工业生活源污染负荷构成

3.2.4　流域工业源污染特征

1. 流域工业污染空间特征

以地市为单位看工业污染物排放，可以看出淮河流域中下游地区工业污染负荷整体较高；市辖区与临海县的工业污染负荷普遍高于其他地区。淮河流域市辖区及其周边区域工业氨氮负荷高。包括河南省的开封市区、漯河市区、南阳市区及周边县；安徽省亳州市区、阜阳市区、六安市区、淮南市区及周边县；江苏省连云港市区、宿迁市区、盐城市区、淮安市区、南通市区及周边县；山东省枣庄市、日照市及周边县。详见图 3-44。

2010 年，淮河流域工业 COD 排放量为 26.06 万吨，占流域 COD 总排放量的 9.7%，流域点源 COD 排放量的 20.5%。流域工业 COD 排污系数为 1.54 kg/万元工业增加值。各地市中，日照市此值最大，许昌市此值最小。除日照外，南阳市、漯河市、驻马店市、亳州市、蚌埠市、宿州市、六安市等的单位工业产值 COD

均呈现较高的排放量。详见图 3-45。

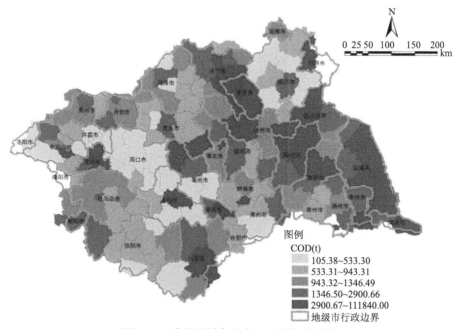

图 3-44　淮河流域各县市工业污染负荷图

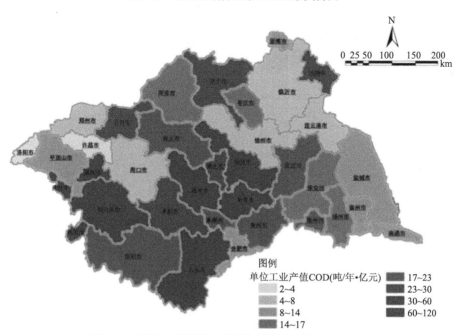

图 3-45　淮河流域单位工业增加值 COD 排放空间分布

2010年,淮河流域工业氨氮排放量为2.35万吨,占流域氨氮总排放量的8.3%,流域点源氨氮排放量的13.6%。流域工业氨氮排污系数为0.139 kg/万元工业增加值。各地级市中单位工业生产总值氨氮排放量最大的为漯河市,最小的为许昌市。在空间分布上,除漯河市外,开封市、亳州市、阜阳市的单位工业产值氨氮排放量也比较高。详见图3-46。

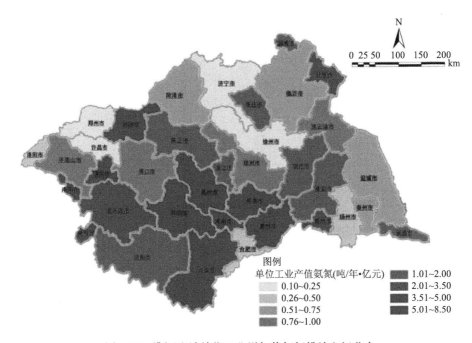

图3-46 淮河流域单位工业增加值氨氮排放空间分布

对四省工业污染物排放强度进行比较,结果如图3-47所示。四省中,安徽省淮河流域的工业 COD 与氨氮排放强度最高。其他各省淮河流域的工业污染物排放强度接近,江苏省淮河流域相对较高,山东省淮河流域相对较低。

2. 流域工业污染行业特征

淮河流域纳入统计的工业企业约7万家,主要排污行业为造纸及纸制品业、化学原料及化学制品制造业、农副食品加工业、纺织业、饮料制造业、食品制造业、黑色金属冶炼及压延加工业等,上述行业的工业增加值贡献率约40.3%,COD

和氨氮的贡献率分别约 84.7%和 87.9%。其中,造纸、化工和农副三个行业的 COD
和氨氮排放量贡献率分别约 56.5%和 69.5%。详见图 3-48 和表 3-10。

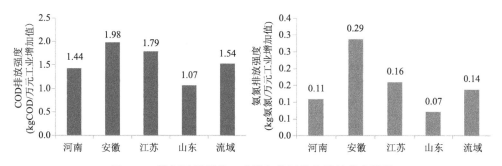

图 3-47　淮河流域单位工业增加值污染物排放分省情况

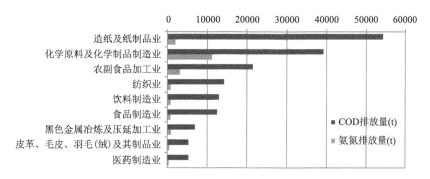

图 3-48　淮河流域分行业 COD、氨氮排放图

表 3-10　淮河流域工业污染行业结构特征

	COD 排放主要工业行业	氨氮排放主要工业行业
淮河流域	造纸及纸制品业 化学原料及化学制品制造业 农副食品加工业 纺织业 饮料制造业 食品制造业 黑色金属冶炼及压延加工业等	化学原料及化学制品制造业 农副食品加工业 造纸及纸制品业 纺织业 饮料制造业

续表

	COD 排放主要工业行业	氨氮排放主要工业行业
河南省淮河流域	造纸及纸制品业 农副食品加工业 化学原料及化学制品制造业 煤炭开采和洗选业 饮料制造业	化学原料及化学制品制造业 皮革、毛皮、羽毛(绒)及其制品业 农副食品加工业 食品制造业
安徽省淮河流域	造纸及纸制品业 化学原料及化学制品制造业 煤炭开采和洗选业 农副食品加工业 饮料制造业	化学原料及化学制品制造业 造纸及纸制品业 饮料制造业 农副食品加工业 食品制造业
江苏省淮河流域	造纸及纸制品业 化学原料及化学制品制造业 食品制造业	造纸及纸制品业 化学原料及化学制品制造业 食品制造业
山东省淮河流域	造纸及纸制品业 农副食品加工业及食品制造业 化学原料及化学制品制造业 煤炭开采和洗选业	化学原料及化学制品制造业 农副食品加工业及食品制造业 造纸及纸制品业 纺织业

四省之中，河南省淮河流域 COD 排放量排前三位的行业为造纸及纸制品业、农副食品加工业、化学原料及化学制品制造业，其 COD 排放量占流域排放总量的比例依次为 34.35%、15.85% 和 10.26%，是主要的 COD 排放行业。化学原料及化学制品制造业的氨氮排放量最大，占流域排放总量的 48.69%，其次为皮革、毛皮、羽毛（绒）及其制品业，农副食品加工业和食品制造业，排放量占比分别为 11.49%，10.99% 和 10.42%，上述四个行业氨氮排放量占流域排放总量的 81.59%，是流域主要氨氮排放行业。

安徽省淮河流域 COD 排放量排前五位的行业依次为造纸及纸制品业、化学原料及化学制品制造业、煤炭开采和洗选业、农副食品加工业、饮料制造业，其 COD 排放量占流域排放总量的比例依次为 27.61%、17.04%、13.31%、10.26% 和 9.03%，是主要的 COD 排放行业。化学原料及化学制品制造业的氨氮排放量最大，占流域排放总量的 72.21%，其次为造纸及纸制品业、饮料制造业、农副食品加工业和食品制造业等，排放量占比分别为 8.51%、4.58%、3.82% 和 2.94%，上述五个行业氨氮排放量占流域排放总量的 92.06%，是安徽省淮河流域主要氨氮排放行业。

江苏省淮河流域污染物排放量较高的行业包括食品制造业、金属制造业、造纸业、化工、纺织印染等，其污染物排放占总排放量的 70%～80%。山东省流域工业行业 COD 排放量最大的是造纸业，其次是食品业、石化业和煤炭业，4 个行业累计 COD 排放量大约占全流域的 79%；流域工业行业氨氮排放量最大的是石化业，其次是食品业、造纸业和纺织业，4 个行业累计氨氮排放量大约占全流域的 82%。食品业 COD、氨氮排放献率分别为 23.55%、26.05%，但其经济贡献率仅为 11.12%；造纸业 COD、氨氮排放贡献率分别为 28.47% 和 18.72%，但其经济贡献率为 7.37%；纺织业和饮料业氨氮排放贡献率分别为 11.37% 和 7.65%，但是其经济贡献率分别为 3% 和 1.02%。

3.2.5　流域生活源污染特征

城镇生活源由居民生活和三产两部分构成。2010 年，淮河流域城镇生活 COD 排放量为 101.35 万吨，其中河南省淮河流域为 26.22 万吨，安徽省淮河流域 19.00 万吨，江苏省淮河流域 38.32 万吨，山东省淮河流域 17.81 万吨。流域城镇生活氨氮排放量为 14.94 万吨，其中河南省 4.29 万吨，安徽省 2.63 万吨，江苏省 4.85 万吨，山东省 3.17 万吨。图 3-49 展示了淮河流域城镇生活污染物排放情况。

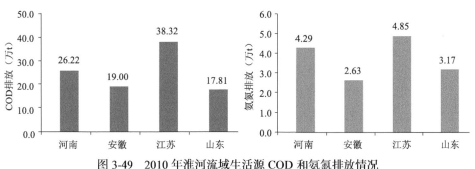

图 3-49　2010 年淮河流域生活源 COD 和氨氮排放情况

3.2.6 流域农业源污染分析

1. 流域农业源污染物排放情况

表 3-11 为 2010 年淮河流域农业源污染物排放情况。2010 年，淮河流域农业源 COD 排放量 141.73 万吨，农业源氨氮排放量为 11.15 万吨。如图 3-50 所示，四省中，河南省淮河流域农业源排放量最高，其 COD 与氨氮排放量分别为 61.17 万吨和 5.06 万吨，占流域农业源总排放量的 43.2% 和 45.4%。其他三省淮河流域农业源污染物排放量比较接近。2010 年，安徽省淮河流域农业源 COD 排放量为 24.84 万吨，氨氮排放量为 2.05 万吨；江苏省淮河流域农业源 COD 排放量为 28.53 万吨，氨氮排放量为 2.23 万吨；山东省淮河流域农业源排放量为 26.49 万吨，氨氮排放量为 1.82 万吨。

表 3-11 2010 年淮河流域农业源污染排放总表

省	市	COD 排放量（t）			氨氮排放量（t）		
		畜禽养殖	水产养殖	合计	种植业	畜禽养殖	合计
河南	郑州市	22927	1073	24000	418	1511	1929
	开封市	42897	704	43601	502	2978	3480
	洛阳市	36161	3727	39888	378	2845	3222
	平顶山市	52388	2168	54556	666	3895	4561
	许昌市	46311	415	46726	584	3062	3646
	漯河市	29513	260	29773	330	1509	1839
	南阳市	66105	4666	70771	1073	5027	6100
	商丘市	65490	1505	66995	1320	4848	6169
	信阳市	56062	9696	65758	1723	3901	5624
	周口市	69965	2208	72172	1661	4574	6235
	驻马店市	93140	4300	97440	1288	6553	7841
安徽	合肥市	17309	560	17869	686	919	1606
	蚌埠市	23287	2615	25902	999	1483	2482
	淮南市	6749	389	7138	582	443	1025
	淮北市	5606	191	5797	305	284	589

续表

省	市	COD 排放量（t）			氨氮排放量（t）		
		畜禽养殖	水产养殖	合计	种植业	畜禽养殖	合计
安徽	滁州市	29421	1536	30958	1410	1631	3041
	阜阳市	48321	3841	52162	1263	2662	3925
	宿州市	39389	389	39778	984	2002	2986
	六安市	33303	8892	42195	832	1762	2593
	亳州市	25869	694	26563	809	1387	2197
江苏	徐州市	53627	3591	57218	1967	3001	4968
	南通市	27350	4952	32302	967	1314	2281
	连云港市	23264	3038	26302	1266	1079	2345
	淮安市	26490	7938	34428	598	1317	1915
	盐城市	59810	8300	68109	2338	2805	5144
	扬州市	11898	8528	20426	787	564	1351
	泰州市	17637	4972	22609	705	758	1463
	宿迁市	25855	5183	31038	1469	1348	2817
山东	淄博市	14598	652	15250	144	947	1091
	枣庄市	16355	1036	17391	355	924	1279
	济宁市	66848	6630	73478	924	3854	4778
	泰安市	16334	634	16969	143	1026	1169
	日照市	15399	4195	19594	184	868	1052
	临沂市	62405	4243	66648	742	3587	4329
	菏泽市	52417	3099	55516	1116	3372	4488

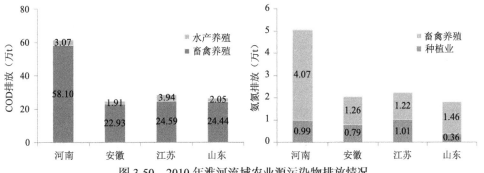

图 3-50　2010 年淮河流域农业源污染物排放情况

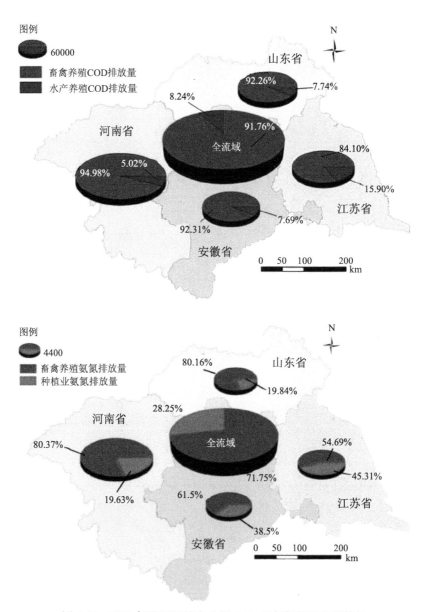

图 3-51 2010 年淮河流域农业源 COD 和氨氮排放负荷结构

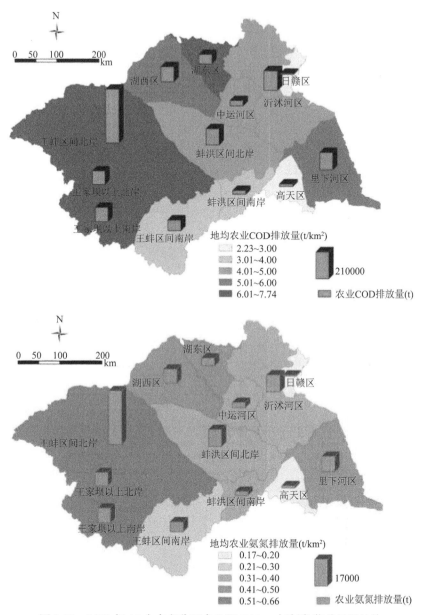

图 3-52　2010 年 13 个水文分区农业源 COD、氨氮负荷总量及地均

2. 畜禽养殖污染特征

根据统计结果，2010 年，淮河流域畜禽养殖 COD 排放量为 130.06 万吨，氨氮排放量为 8.01 万吨。畜禽养殖是淮河流域农业源污染负荷的主要来源，其 COD

排放量占流域农业源 COD 排放量的 92.2%,氨氮排放量占流域农业源氨氮排放量的 71.8%。各省当中,河南省淮河流域畜禽养殖在农业源污染负荷中的贡献率最高,为河南省淮河流域农业源 COD 排放量的 95.0%和氨氮排放量的 80.4%。其次为山东省淮河流域,其畜禽养殖排放占省辖流域农业源 COD 排放量的 92.3%,氨氮排放量的 80.2%。安徽省淮河流域的比重分别为 92.3%和 61.5%;江苏省的为 86.2%和 54.7%。

从地市排放来看,流域畜禽养殖污染物排放量较大的地市主要集中在河南,排名前 10 位的地市中,有 5 个来自河南,分别为驻马店市、南阳市、周口市、商丘市和信阳市。另外还有山东的济宁市、临沂市、菏泽市,以及江苏的盐城市和徐州市等市畜禽养殖污染物排放量也比较大。猪、牛、羊等大牲畜数量较多,是畜禽养殖业污染物排放量大的主要原因。

3. 种植业污染特征

种植业污染主要是由农用化肥和农药使用造成的氨氮污染。2010 年,淮河流域种植业氨氮排放量为 3.15 万吨,占流域农业源氨氮排放量的 28.2%。种植业氨氮排放量最大的省份为江苏省,其氨氮排放量为 1.01 万吨,其次为河南省,0.99 吨。安徽省淮河流域种植业氨氮排放量为 0.79 万吨,山东省淮河流域为 0.36 万吨。

从地市分布来看,种植业氨氮排放量最大的 10 个地市分别为盐城市、徐州市、信阳市、周口市、南阳市、宿迁市、滁州市、驻马店市、商丘市和连云港市,其中有 5 个城市来自河南,4 个城市来自江苏。农田耕地面积较大是上述地区污染物排放量大的主要原因。

3.2.7 重点区域污染负荷特征

1. 贾鲁河流域污染负荷特征

2009 年,贾鲁河入河 COD 负荷为 8.18 万吨,入河氨氮负荷为 0.87 万吨。在入河 COD 负荷的各类来源中,工业生活源占 68.52%,农业源占 31.48%。其中,城镇生活贡献最高,占 50.25%;其次为畜禽养殖,占 20.33%;工业居第三位,占 18.27%;入河氨氮负荷的各类来源中,工业生活源占 81.44%,农业源占 18.56%。

其中，城镇生活依然贡献最高，占 60.88%；其次为工业，占 20.56%；畜禽养殖与农田径流贡献比例相当，分别为 7.74% 和 7.41%。详见表 3-12、图 3-53 和图 3-54。

表 3-12　贾鲁河入河污染物来源结构

	入河污染负荷（t）		入河污染负荷比重（%）	
	COD	氨氮	COD	氨氮
工业	14944.39	1782.50	18.27	20.56
城镇生活	41102.32	5278.61	50.25	60.88
农村生活	5904.5	295.22	7.22	3.41
农田径流	3211.36	642.27	3.93	7.41
畜禽养殖	16625.17	671.47	20.33	7.74
合计	81787.74	8670.07	100.00	100.00

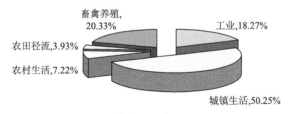

图 3-53　贾鲁河流域各类污染源 COD 贡献比例图

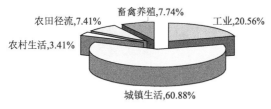

图 3-54　贾鲁河流域各类污染源氨氮贡献比例图

从空间上来看，郑州市是贾鲁河水污染负荷的主要来源，其 COD 和氨氮入河排放量分别占入河负荷的 75.91% 和 68.73%，较 "十一五" 初期已有所下降，这得益于郑州市大力开展城镇污水、工业废水的收集和处理。开封市尉氏县是贾鲁河第二污染源，其 COD 和氨氮入河排放量占入河负荷的 10.38% 和 14.29%。详见表 3-13、图 3-55 和图 3-56。

表 3-13　贾鲁河流域入河污染负荷来源空间结构

	入河污染负荷（t）		入河污染负荷比重（%）	
	COD	氨氮	COD	氨氮
郑州市	62087.51	5958.75	75.91	68.73
开封市-尉氏县	8488.79	1238.81	10.38	14.29
周口市-扶沟县	5144.96	656.52	6.29	7.57
周口市-西华县	6066.48	815.99	7.42	9.41
合计	81787.74	8670.07	100.00	100.00

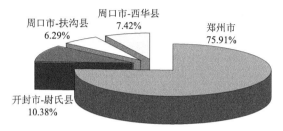

图 3-55　COD 来源空间分布示意图

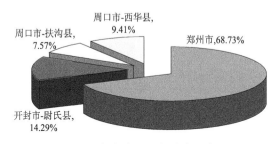

图 3-56　氨氮来源空间分布示意图

2. 沙颍河流域污染负荷特征

沙颍河流域是淮河流域污染负荷最高的地区。据统计，其主要污染物质 COD 和氨氮入河排放量分别占整个淮河流域点源排放总量的 24.23% 和 33.72%（图 3-57）。沙颍河流域内主要行政区污废水、COD 及氨氮排放量构成统计见图 3-58 至图 3-60。

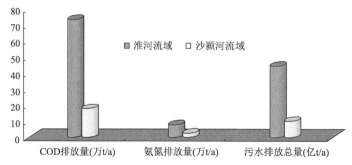

图 3-57　沙颍河流域污染负荷占淮河流域比重

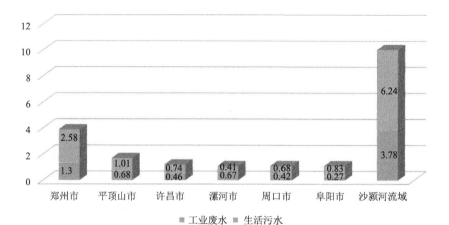

图 3-58　沙颍河流域污水排放总量及构成（亿 t/年）

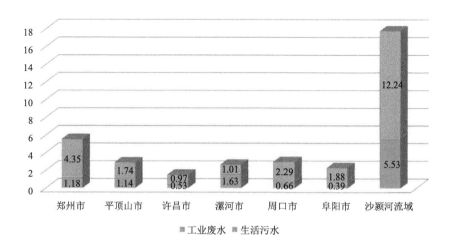

图 3-59　沙颍河流域 COD 排放总量及构成（万 t/年）

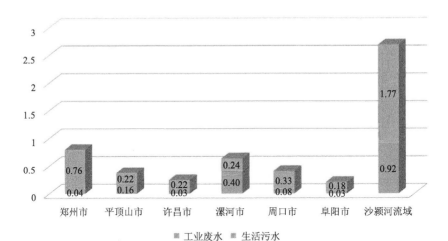

图 3-60 沙颖河流域氨氮排放总量及构成（万 t/年）

统计数据表明，郑州市 COD 和氨氮排放量分别占沙颖河流域 COD 和氨氮排放量的 31.12% 和 29.84%；工业废水 COD 和氨氮排放量中漯河市贡献率最高，分别占工业废水污染物排放量的 29.53% 和 43.42%；生活污水 COD 和氨氮排放量中郑州市贡献率最高，分别占生活污水污染物排放量的 35.56% 和 42.81%。

3.2.8 流域水污染物排放地区情况

对淮河流域各省及各地级市 2010 年的水污染物排放进行比较，结果如表 3-14 至表 3-18 所示。

表 3-14 淮河流域各省 COD 排放情况

	工业		城镇生活		工业生活源		农业源	
	排放量（万 t）	排名	排放量（万 t）	排名	排放量（万 t）	排名	排放量（万 t）	排名
河南	8.39	2	26.22	2	34.61	2	61.17	1
安徽	3.92	3	19.00	3	22.92	3	24.84	4
江苏	9.84	1	38.32	1	48.16	1	29.24	2
山东	3.92	4	17.81	4	21.73	4	26.48	3

表 3-15　淮河流域各省氨氮排放情况

	工业		城镇生活		工业生活源		农业源	
	排放量（万 t）	排名	排放量（万 t）	排名	排放量（万 t）	排名	排放量（万 t）	排名
河南	0.64	2	4.29	2	4.93	2	5.06	1
安徽	0.57	3	2.63	4	3.20	4	2.04	3
江苏	0.88	1	4.85	1	5.73	1	2.23	2
山东	0.26	4	3.17	3	3.43	3	1.82	4

表 3-16　淮河流域工业污染物排放重点地市

工业 COD 排放前 15 位		工业氨氮排放前 15 位	
城市	排放量（t）	城市	排放量（t）
盐城市	20301	盐城市	2839
扬州市	19897	阜阳市	2044
徐州市	16374	开封市	1471
开封市	13014	淮安市	1349
平顶山市	12789	平顶山市	1239
菏泽市	12557	淮南市	1172
驻马店市	12061	周口市	1020
淮安市	11582	南通市	948
商丘市	10856	徐州市	947
郑州市	10342	扬州市	931
宿迁市	9940	宿迁市	928
周口市	9861	菏泽市	904
济宁市	9316	驻马店市	844
宿州市	8461	宿州市	703
临沂市	7917	临沂市	700
占流域比重（%）	71.1	占流域比重（%）	76.8

表 3-17　淮河流域城镇生活污染物排放重点地市

生活 COD 排放前 15 位		生活氨氮排放前 15 位	
城市	排放量（t）	城市	排放量（t）
盐城市	86240	临沂市	10531
徐州市	65510	盐城市	10094
临沂市	54553	郑州市	9075
周口市	53955	徐州市	7941
淮安市	50561	菏泽市	7700
菏泽市	49571	周口市	7148
连云港市	47509	淮安市	7003
扬州市	44855	济宁市	6772
宿迁市	43856	连云港市	6365
郑州市	38712	宿迁市	5882
济宁市	37008	扬州市	5660
商丘市	36739	商丘市	5176
阜阳市	33459	驻马店市	4765
滁州市	33247	平顶山市	4663
驻马店市	32429	阜阳市	4620
占流域比重（%）	69.9	占流域比重（%）	69.2

表 3-18　淮河流域农业源污染物排放重点地市

农业源 COD 排放前 15 位		农业源氨氮排放前 15 位	
城市	排放量（t）	城市	排放量（t）
驻马店市	97440	驻马店市	7841
济宁市	73478	周口市	6235
周口市	72172	商丘市	6169
南阳市	70771	南阳市	6100
盐城市	68109	信阳市	5624
商丘市	66995	盐城市	5144

农业源 COD 排放前 15 位		农业源氨氮排放前 15 位	
城市	排放量（t）	城市	排放量（t）
临沂市	66648	徐州市	4968
信阳市	65758	济宁市	4778
徐州市	57218	平顶山市	4561
菏泽市	55516	菏泽市	4488
平顶山市	54556	临沂市	4329
阜阳市	52162	阜阳市	3925
许昌市	46726	许昌市	3646
开封市	43601	开封市	3480
六安市	42195	洛阳市	3222
占流域比重（%）	65.9	占流域比重（%）	66.8

3.3　流域污染减排能力分析

3.3.1　流域工业行业减排能力

工业行业减排能力体现在万元工业增加值污染物排放、工业废水治理设施处理能力、工业废水排放达标率等指标上。从万元工业增加值的污染物排放来看，"十一五"期间，淮河流域及四省淮河流域的工业水污染治理能力均有一定提高。

如图 3-61 和图 3-62 所示，"十一五"期间，淮河流域工业 COD 排放强度由 3.80 kg/万元工业 GDP 下降为 1.25 kg/万元工业 GDP。流域万元工业增加值氨氮排放由 0.64 kg/万元工业 GDP 下降为 0.12 kg/万元工业 GDP。工业排放强度下降显著。

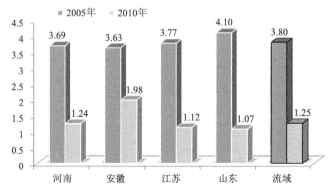

图 3-61　"十一五"淮河流域工业 COD 排放强度变化（kg/万元工业 GDP）

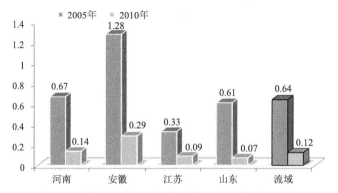

图 3-62　"十一五"淮河流域工业氨氮排放强度变化（kg/万元工业 GDP）

根据环境统计数据，2010 年，淮河流域工业废水治理设施处理能力达到 1147 万吨/日。其中河南省淮河流域工业废水治理设施处理能力为 330 万吨/日，安徽省工业废水治理设施处理能力为 294 万吨/日，江苏省工业废水治理设施处理能力为 251 万吨/日，山东省工业废水治理设施处理能力为 248 万吨/日。

淮河流域工业废水排放达标率已接近 100%，2010 年淮河流域工业废水排放达标率为 98.11%，其中：河南省工业废水排放达标率为 96.35%，安徽省工业废水排放达标率为 98.07%，江苏省工业废水排放达标率为 99.51%，山东省工业废水排放达标率为 98.08%。

3.3.2　流域城镇生活污水处理能力

城镇生活污水处理能力主要体现在城镇生活污水集中处理率、污水处理厂处理能力、污水处理厂出水标准等指标上。

目前全流域生活污水处理量约 26.5 亿吨，流域城镇生活污水集中处理率近年来不断提高，从 2000 年的 19.1%上升到 2005 年的 38.5%、2010 年的 67.6%（表 3-19）。但与全国同期平均水平（2000 年 34.3%、2005 年 52.0%、2010 年 77.4%）相比仍有一定差距。各省之间、各地市之间的差距也比较大。2010 年，河南、安徽、江苏、山东四省淮河流域的城镇生活污水集中处理率分别为 79.9%、53.9%、52.3%、70.5%。通过对淮河流域水污染防治"十二五"规划中列出的 24 个优先控制单元的城镇生活污水处理情况进行分析，也可以看到，部分地区，如漯河、周口、开封、六安等市的城镇生活污水集中处理率较低，有些甚至低至 30%，存在较大的提升空间。

表 3-19 淮河流域城镇生活污水处理能力

年份	排放量（亿 t）	处理量（亿 t）	处理率（%）	全国平均处理率（%）
2000	24.6	4.7	19.1	34.3
2005	22.2	8.5	38.5	52.0
2010	39.1	26.5	67.6	77.4

2005 年，淮河流域共有城市污水处理厂 52 座，污水处理厂处理能力达 366.65 万吨/日。截至 2010 年底，淮河流域建成投运的城镇污水处理厂有 314 座，设计污水处理规模约 1068 万吨/日，实际处理污水量约 805 万吨/日，运行负荷率约 80%，与 2005 年相比有了较大的提高。目前全流域生活污水处理量约 26.5 亿吨，城镇生活污水集中处理率约 67.6%。其中河南、安徽、山东、江苏的城镇生活污水集中处理率分别为 79.9%、53.9%、70.5%、52.3%。流域内污水处理厂出水的 COD 和氨氮平均浓度可达到一级标准，但仍有近 100 家污水处理厂（实际处理水量约 205 万吨/日，约占 25.4%）未实现稳定达标排放，其中河南、安徽、江苏、山东分别为 76.4 万吨/日、23.1 万吨/日、36.2 万吨/日、69.4 万吨/日。氨氮超标频次最高，其次是总磷、COD。详见图 3-63。

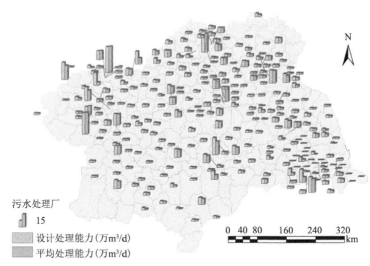

图 3-63　淮河流域污水处理厂分布图（2010 年）

3.3.3　流域农业面源减排能力

如前文对于流域污染源结构的分析所述，农业面源已成为淮河流域重要的水污染负荷来源，农业面源减排在水体污染控制与治理工作中的重要性日益凸显，四省也都已意识到这一点，开始寻求农业面源的减排对策。但这方面的工作目前还处于起步阶段，"十一五"期间，淮河流域部分省份进行了农业面源的排查或农业面源减排对策研究，目前还没有省份正式开展全面和系统的农业面源减排工作。截至目前的水污染防治规划中，也还没有提出明确的农业面源减排目标。

总体而言，目前对农业面源的治理工作还处于初步阶段。淮河流域有着国家重要的粮食生产基地，拥有 1333 hm^2 的耕地，种植大量的水稻、小麦等农作物，其中种植耗水性农作物的农田，每年通过农田排水沟排向地表水体大量的 N、P 等营养物质。虽然在安徽、江苏等省已经开始实施测土配方等种植业污染防治措施，但是还未形成有效的综合治理措施。养殖业近年来也在淮河流域有很大发展，如阜阳地区的养牛业和苏北里下河地区的养禽业都是全国闻名的，但很多养殖场并没有建设相应的污染治理措施，考虑到还存在大量的分散畜禽养殖，目前淮河流域对于养殖业污染物的处理率还不足 10%。此外，流域农村生活污水的处理也还处于没有或工艺简单、效率低下的水平。

第4章　淮河流域水环境关键问题剖析

4.1　流域水环境容量与总量控制

4.1.1　淮河流域水环境容量研究

1. 淮河流域水环境容量计算

水环境容量指水体使用功能不受破坏的条件下，水体受纳污染物的最大数量。通常指在水资源利用区域内，按给定的水质目标和设计水量、水质条件的情况下，水体所能容纳污染物的最大量。排入水体的污染物，在水体中经过物理、化学和生物作用，使浓度和毒性随着时间的推移或向下游流动的过程中自然降低，这就是水体的自净作用。河流的污染物自净作用是形成河流环境容量的重要组成部分。根据淮河水利委员会《淮河流域纳污能力及限制排污总量研究》报告[9]，综合考虑河流水量、水质目标、污染物降解能力等的影响，在此基础上建立计算模型。计算范围共 663 个功能区，其中保护区、保留区和缓冲区分别为 57 个、26 个和 36 个。二级水功能区共 544 个，其中饮用水源区、工业用水区、农业用水区、渔业用水区、景观娱乐用水区、过渡区和排污控制区分别为 60 个、39 个、227 个、22 个、34 个、55 个和 107 个；在开发利用区中，农业用水区最多，其次是排污控制区。具体河流采用一维水质模型及零维水质模型，湖库采用二维水质模型。根据淮河流域水污染的特点，确定限制排污总量指标为 COD 和 NH_3-N。通过水功能区流量和流速的确定和设计（90%保证率最枯月平均流量）、污染源概化、水质模型建立和参数确定，对淮河流域各水功能区水环境容量（纳污能力）进行了计算。

2. 淮河流域水环境容量计算结果

根据设计条件计算，淮河流域 COD 和氨氮的纳污能力分别为 46.0 万 t/a 和 3.28 万 t/a（南水北调东线工程沿线的纳污能力计算参照《南水北调东线治污规划》）。淮河流域纳污能力计算单元为水功能区，范围内共有水功能区 663 个，其中有 227 个功能区接纳点源排污。在分析计算过程中，沿河流自上而下地进行水质演算，依据各水功能区的纳污能力计算结果按功能区类型进行统计，统计结果见表 4-1。其中纳污能力最大的功能区类型为农业用水区，COD 和氨氮的纳污能力分别为 14.3 万 t/a 和 1.14 万 t/a，分别占淮河流域的 31.2% 和 34.8%；其次是排污控制区，COD 和氨氮的纳污能力分别为 10.4 万 t/a 和 0.66 万 t/a，分别占淮河流域的 22.7% 和 20.2%。从一级水功能区看，开发利用区的纳污能力最大，COD 和氨氮的纳污能力分别占淮河流域的 82.8% 和 80.9%。

表 4-1　纳污能力统计结果表

功能区				总纳污能力（t/a）	
一级	二级	个数	长度（km）	COD	氨氮
保护区		56	2268	28930	2743
保留区		26	1914	20865	1981
缓冲区		36	1276	29408	1540
开发利用区	饮用水源区	61	1202	20290	1825
	工业用水区	39	939	43523	2160
	农业用水区	225	9786	143391	11427
	渔业用水区	27	451	5473	372
	景观娱乐用水区	35	308	31204	1955
	过渡区	54	733	32376	2174
	排污控制区	104	937	104356	6648
	二级区小计	545	14381	380613	26561
淮河流域		663	19814	459815	32825

按水资源三级区进行统计，其中纳污能力最大的水资源三级区是王蚌区间北岸，最小的水资源三级区是日赣区；各水资源三级区的纳污能力计算结果见表 4-2。

表 4-2 淮河流域三级水资源区纳污能力统计表

水资源三级区	纳污能力（t/a）	
	COD	氨氮
王家坝以上北岸	16764	1364
王家坝以上南岸	28930	2571
王蚌区间北岸	81575	4666
王蚌区间南岸	75881	5661
蚌洪区间北岸	18225	1716
蚌洪区间南岸	67413	5539
高天区	7459	696
里下河区	69950	4864
湖西区	22401	1161
湖东区	8115	498
沂沭河区	51526	3212
中运河区	9883	771
日赣区	1693	105
淮河流域	459815	32825

从行政分区来看，四省淮河流域纳污能力也存在一定差异。其中河南、安徽、江苏和山东的 COD 纳污能力分别为 12.8 万 t/a、14.3 万 t/a、13.6 万 t/a、5.3 万 t/a；氨氮纳污能力分别为 0.86 万 t/a、1.13 万 t/a、1.03 万 t/a、0.26 万 t/a。具体见表 4-3。四省当中安徽省的纳污能力最高，江苏次之，山东最低。从每平方公里拥有的纳污能力来看，江苏省地均纳污能力最高，安徽次之，山东最低。具体见图 4-1 和图 4-2。

表 4-3 淮河流域水域纳污能力统计表

省区	纳污能力	
	COD（万 t/a）	氨氮（万 t/a）
河南省	12.8	0.86
安徽省	14.3	1.13
江苏省	13.6	1.03
山东省	5.3	0.26
淮河流域	46.0	3.28

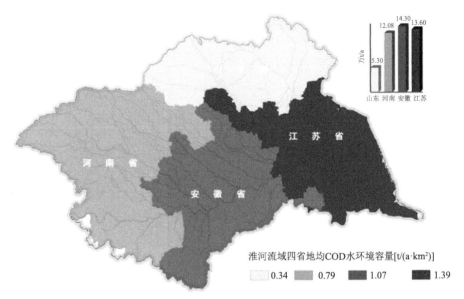

图 4-1　淮河流域四省地均水环境容量（COD）

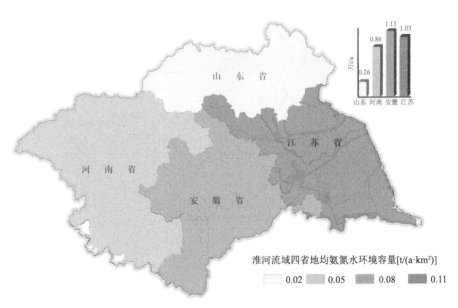

图 4-2　淮河流域四省地均水环境容量（氨氮）

　　另外，计算范围内地级行政区 35 个。针对计算范围内水功能区纳污能力计算结果按地级行政区进行统计，统计结果见表 4-4。

表 4-4　淮河流域地级行政区水域纳污能力统计表

地级市	纳污能力（t/a）	
	COD	氨氮
南阳	1295	73
洛阳	2434	126
信阳	36610	2919
驻马店	14797	1005
平顶山	10334	1028
漯河	11082	589
郑州	17910	919
许昌	6807	391
周口	13570	759
开封	6048	243
商丘	7031	551
合肥	517	61
亳州	572	39
宿州	300	58
淮南	32574	2266
滁州	15314	1278
阜阳	17425	1305
六安	18427	1533
蚌埠	55135	4484
淮北	2471	229
徐州	8879	854
盐城	44616	2914
淮安	34298	2845
宿迁	10320	962
扬州	7693	770

续表

地级市	纳污能力（t/a）	
	COD	氨氮
泰州	6743	625
南通	9652	535
连云港	13843	830
菏泽	13499	642
泰安	1255	21
济宁	12456	790
枣庄	3165	152
淄博	2012	104
日照	2384	124
临沂	18106	791
淮河流域	459815	32825

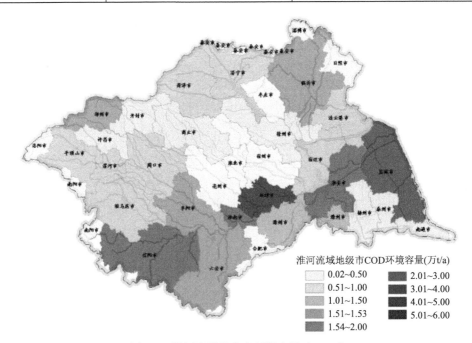

图 4-3　淮河流域地市水环境容量（COD）

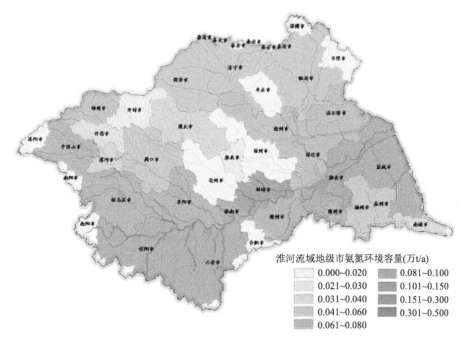

淮河流域地级市氨氮环境容量(万t/a)

- 0.000~0.020
- 0.021~0.030
- 0.031~0.040
- 0.041~0.060
- 0.061~0.080
- 0.081~0.100
- 0.101~0.150
- 0.151~0.300
- 0.301~0.500

图 4-4　淮河流域地市水环境容量（氨氮）

总体而言，水环境容量呈现北低南高的特征。处于沙颍河流域的开封、许昌、商丘、漯河、周口等地市环境容量处于低位。安徽省淮河流域的亳州、宿州、淮北等市环境容量较低（图 4-3 和图 4-4）。

4.1.2　流域规划中的总量控制

从"九五"至今，水体污染物总量控制均实施目标总量控制，即根据实际情况进行排污量的逐步削减。《重点流域水污染防治规划（2011—2015）》实施分区污染防治策略，共将淮河流域划分 57 个控制单元，针对每个控制单元分别提出总量控制目标[10,11]。具体如表 4-5 所示。

同时，《重点流域水污染防治规划（2011—2015）》首次提出农业源的总量控制目标，要求到 2015 年，农业源 COD 排放量控制在 129.4 万吨，较 2010 年削减10.0%；农业源氨氮排放量控制在 10.6 万吨，较 2010 年削减 10.3%。

表4-5 "十二五"规划控制单元总量控制目标表

省份	控制单元	COD排放量（t）	氨氮排放量（t）
河南	淮河干流南阳控制单元	1848	306
	浉河信阳控制单元	11158	1149
	竹竿河信阳控制单元	2114	337
	潢河信阳控制单元	7803	1184
	史河信阳控制单元	8312	1005
	淮河干流信阳控制单元	5058	725
	洪汝河驻马店控制单元	53553	6425
	沙河平顶山漯河控制单元	31028	4937
	颍河郑州许昌漯河控制单元	9243	919
	清潩河许昌漯河控制单元	14976	1990
	泉河漯河周口控制单元	14966	1908
	贾鲁河郑州周口控制单元	47665	9531
	颍河周口控制单元	26749	3193
	惠济河开封周口控制单元	36479	5046
	涡河开封周口控制单元	12024	1409
	大沙河商丘控制单元	12557	1617
	包浍河商丘控制单元	15519	1825
	沱河商丘控制单元	11323	860
	合计	322375	44366
安徽	史河六安控制单元	5397	569
	沣河淠东干渠六安控制单元	23646	2820
	东淝河六安合肥控制单元	12365	2338
	颍河谷河阜阳控制单元	39731	6072
	西淝河淮南控制单元	14249	1850
	淮河干流淮南控制单元	28986	2984
	涡河亳州控制单元	32518	3649
	淮河干流蚌埠滁州控制单元	20597	3153
	池河滁州控制单元	7826	1260
	沱河淮北宿州控制单元	47113	5493
	怀洪新河蚌埠控制单元	19651	2065
	白塔河滁州控制单元	6123	1147
	合计	258202	34400

续表

省份	控制单元	COD 排放量（t）	氨氮排放量（t）
江苏	微山湖徐州湖西控制单元	20045	2376
	京杭运河徐州控制单元	34364	4005
	徐洪河徐州控制单元	6752	1063
	京杭运河宿迁控制单元	27334	3226
	京杭运河淮安控制单元	28589	4056
	京杭运河扬州控制单元	13107	2152
	北澄子河扬州控制单元	18703	2003
	奎河徐州控制单元	12351	1200
	濉河老汴河宿迁控制单元	4661	701
	淮河干流淮安控制单元	3087	492
	洪泽湖控制单元	15147	2305
	入江水道淮安控制单元	4025	533
	排海区盐城控制单元	32407	4712
	排海区南通控制单元	7001	1008
	排海区连云港控制单元	15089	1614
	通榆河北段控制单元	70017	8906
	通榆河中段控制单元	39021	5427
	通榆河南段控制单元	52530	6702
	合计	404230	52481
山东	上级湖湖西控制单元	61140	8033
	梁济运河济宁控制单元	8955	1536
	上级湖湖东控制单元	22700	3342
	下级湖控制单元	17366	2504
	韩庄运河枣庄控制单元	11019	1637
	邳苍分洪道武河临沂控制单元	9584	1449
	沂河山东临沂控制单元	33735	7115
	沭河日照临沂控制单元	16562	2382
	新沭河临沂控制单元	2495	300
	合计	183556	28298
流域合计		1168363	159545

4.2 流域社会经济发展特征

4.2.1 流域工业化发展阶段判断依据

对流域工业化发展阶段进行判断可以帮助把握流域经济发展方向，为制定流域水体污染控制方案提供必要依据。本研究综合考虑克拉克提出的产业结构发展理论、库兹涅茨工业化发展阶段判断标准（表 4-6）及钱纳里产业结构模式（表4-7 和表 4-8）等，对流域工业化发展阶段进行判断。关于产业结构的发展，英国经济学家克拉克认为存在以第一产业为主向以第二产业为主、继而向以第三产业为主转变的规律，人均收入变化引起劳动力流动，进而导致产业结构演进的规律。根据《河南省统计年鉴》，2001~2010 年，流域产业结构不断演进优化，具体表现在第一产业产值比重不断下降，第二产业发展迅速，第三产业基本保持稳定。

表 4-6 库兹涅茨的工业化发展阶段判断

	准工业化阶段	工业化实现阶段			后工业化阶段（5）
	初级产品生产阶段（1）	工业化初级阶段（2）	工业化中级阶段（3）	工业化高级阶段（4）	
产业结构	第一产业>第二产业	第一产业>20%且第二产业>第三产业	第一产业<20%且第二产业>第三产业	第一产业<10%且第二产业>第三产业	第一产业<10%且第二产业<第三产业

表4-7 钱纳里产业结构模式（1980 年）

人均 GDP（元）	第一产业产值比例（%）	第二产业产值比例（%）	第三产业产值比例（%）
<300	48.0	21.0	31.0
300	39.4	28.2	32.4
500	31.7	33.4	34.6
1000	22.8	39.2	37.8
2000	15.4	43.4	41.2
4000	9.7	45.6	44.7
>4000	7.0	46.0	47.0

表 4-8　钱纳里工业发展阶段划分（2010 年美元）

时期	人均 GDP 变动范围	发展阶段	
1	830～1659	初级产品生产阶段	准工业化阶段
2	1659～3319	工业化初级阶段	工业化阶段
3	3319～6638	工业化中级阶段	
4	6638～12446	工业化高级阶段	
5	12446～19914	发达经济初级阶段	后工业化阶段
6	19914～29872	发达经济高级阶段	

4.2.2　流域工业化发展阶段判断

近年来，流域经济发展的同时，产业结构不断演变。2010 年，淮河流域 GDP 为 37613.20 亿元，比 2005 年增长了 19600.93 亿元。三大产业产值分别从 2008 年的 4320.67 亿元、14142.59 亿元和 9236.59 亿元，增长到 2010 年的 5276.35 亿元、18797.77 亿元和 12155.96 亿元（表 4-9）。

表 4-9　2005～2010 淮河流域 GDP 及三大产业产值（亿元）

年份		2005	2008	2009	2010
全流域	GDP	18012.27	27699.85	31043.36	37613.2
	第一产业	—	4320.67	4713.80	5276.35
	第二产业	—	14142.59	15839.33	18797.77
	第三产业	—	9236.59	10490.23	12155.96
河南省淮河流域	GDP	5562.40	9408.92	10425.46	12990.58
	第一产业	—	1557.23	1643.72	1926.00
	第二产业	—	4885.71	5413.71	7085.94
	第三产业	—	2965.97	3368.03	3978.63
安徽省淮河流域	GDP	3217.80	3598.84	3916.89	4384.05
	第一产业	—	836.54	877.70	964.98
	第二产业	—	1494.38	1677.67	2033.68
	第三产业	—	1267.92	1361.52	1385.39

续表

年份		2005	2008	2009	2010
江苏省淮河流域	GDP	5417.84	8058.99	9697.64	11631.23
	第一产业	—	1083.01	1309.32	1458.69
	第二产业	—	4171.25	4938.74	5924.58
	第三产业	—	2804.73	3449.58	4247.96
山东省淮河流域	GDP	3814.23	6633.10	7003.37	7224.23
	第一产业	—	843.88	883.06	926.68
	第二产业	—	3591.25	3809.20	3753.56
	第三产业	—	2197.97	2311.10	2543.98

如图 4-5 所示，近年来流域 GDP 快速增长，年均增长率高于 10%。2010 年 GDP 增长率为 16.8%。流域三大产业增加值均呈现较快的增长速度，其中第二产业增长速度最快，2010 年第二产业增加值增速达到 18.7%，是 GDP 增长的主要动力，第三产业次之，增速为 15.9%，第一产业虽然在三大产业中增加值增速最低，但也高于 10%，2010 年增速为 11.9%。总体而言，淮河流域第一产业稳中有升，第二、三产业上升明显，并且第二产业高于第三产业。

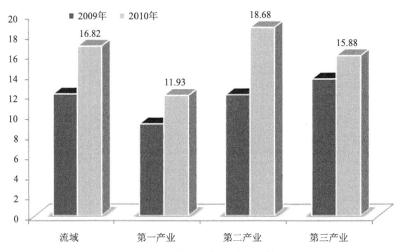

图 4-5　淮河流域三大产业增速比较（%）

　　如图 4-6 所示，淮河流域三大产业比重从 2008 年的 15.6：51.1：33.4 演变为
2010 年的 14.6：51.8：33.5。总体而言，保持着"二、三、一"的产业结构格局；
同时第三产业比重稳步上升，第一产业比重下降趋势明显，但仍有较高比重，第
二产业比重变化较小。美国经济学家库兹涅等人研究成果表明三大产业结构发展
经历五个阶段。目前淮河流域总体处在工业化中级阶段，第一产业比重小于 20%，
且第二产业比重大于第三产业。

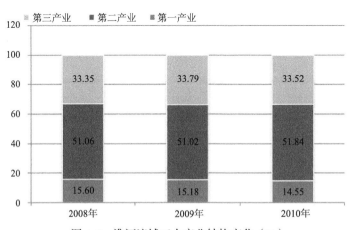

图 4-6　淮河流域三大产业结构变化（%）

　　结合钱纳里工业结构理论对全流域人均 GDP 现状进行分析，结果如图 4-7 所
示，分地市来看淮河流域 35 个地市绝大多数处于工业化初期或中期阶段，完成工
业化进程还需相当一段时间。

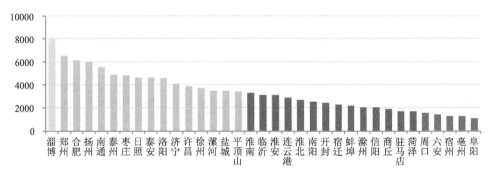

图 4-7　2010 年淮河流域人均 GDP（2010 年美元）

4.2.3 各省淮河流域工业化发展阶段判断

选取流域中上游的河南与流域中下游的山东两个典型省辖淮河流域进行分析。

1. 河南省淮河流域

根据《河南省统计年鉴》，2001~2010 年，流域产业结构不断演进优化，具体表现在第一产业产值比重不断下降，第二产业发展迅速，第三产业基本保持稳定。至 2010 年，流域一产比例由 2001 年 23.97%下降至 15.76%，而二产比例则由 43.09%上升至 52.37%，三产比例变化较小，由 32.09%变化为 31.32%，二产对经济的拉动作用明显，详见图 4-8。按照克拉克理论，流域正处于以第二产业为主的发展阶段，还未进入以第三产业为主的转变。产业结构可以作为划分工业化发展阶段的依据，诺贝尔经济学奖获得者西蒙·库兹涅茨认为，当第一产业比重下降到 20%以下，并且工业的比重高于服务业时，则进入了工业化中期阶段，根据这一理论，河南省辖淮河流域目前处于工业化中期阶段。

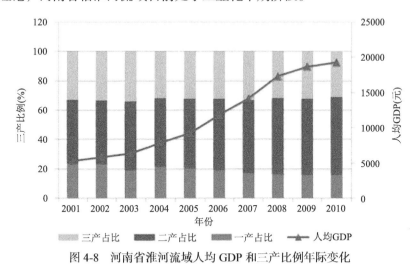

图 4-8　河南省淮河流域人均 GDP 和三产比例年际变化

经过综合分析，省辖淮河流域人均 GDP 较低与流域产业结构有着密不可分的关系。河南省作为全国粮食生产的核心区，素有"中国粮仓"之称，其粮食主产区则主要集中在淮河流域。虽然流域目前处于工业化中期阶段，以二次产业为主导，一产比例逐年下降，但 2010 年其一产比例仍然高于全省平均水平 1.6 个百分点，第一产业在拉动地区经济发展上明显落后于二、三产业，导致流域经济实力落后于全省平均水平。

2010 年，省辖淮河流域 11 个省辖市人均 GDP 水平差异较大，按照从高到低的顺序排列依次为：郑州市＞洛阳市＞许昌市＞漯河市＞平顶山市＞开封市＞南阳市＞信阳市＞商丘市＞驻马店市＞周口市，其中高于流域平均水平的有郑州市、洛阳市、许昌市、漯河市、平顶山市和开封市，详见图 4-9。由图可知，郑州市人均 GDP 远高于流域内其他省辖市，达到 47608 元/人，依据世界银行国际经济水平划分标准，属于中等偏高收入地区，其他省辖市均属于中等偏低收入地区。

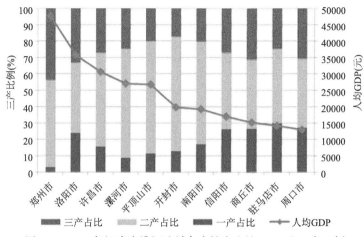

图 4-9　2010 年河南省淮河流域各省辖市人均 GDP 和三产比例

从产业结构分析，流域内各省辖市均属于第二产业占主导优势，但是在发展上存在差异。其中第一产业比例大于 20% 的省辖市有周口市、商丘市、驻马店市、信阳市和开封市，主要集中在豫东南区域，第一产业比例低于 10% 的省辖市有郑州市和平顶山市，主要集中在豫中地区。流域第二产业比例排名第一的省辖市为漯河市，高达 69.74%，而排名最后的驻马店市也达到 42.13%，流域第二产业所占比例较大。流域内第三产业比例最高的为郑州市，达到 43.97%，最低的为漯河市，仅有 17.53%，详见图 4-9。与流域平均水平相比，产业结构相对优化的省辖市有郑州市、平顶山市、许昌市和漯河市。按照西蒙·库兹涅茨理论，流域内周口市、信阳市、商丘市、驻马店市和开封市属于工业化初期阶段，南阳市属于工业化中期阶段，郑州市、洛阳市、平顶山市、许昌市和漯河市属于工业化后期阶段。

2. 山东省淮河流域

据统计,山东省辖淮河流域三大产业产值分别从 2005 年的 609.23 元、2051.76 亿元和 1160.74 亿元,增长到 2010 年的 1007.09 亿元、4307.73 亿元和 2786.59 亿元。2010 年南四湖子流域 GDP 为 5342.8 亿元,每年平均增长率为 17.08%,三大产业产值分别为 694.94 亿元、2922.14 亿元和 1725.72 亿元;沂沭河子流域 GDP 为 2758.61 亿元,每年平均增长率为 14.77%,三大产业产值分别为 312.15 亿元、1385.59 亿元和 1060.87 亿元,见图 4-10。

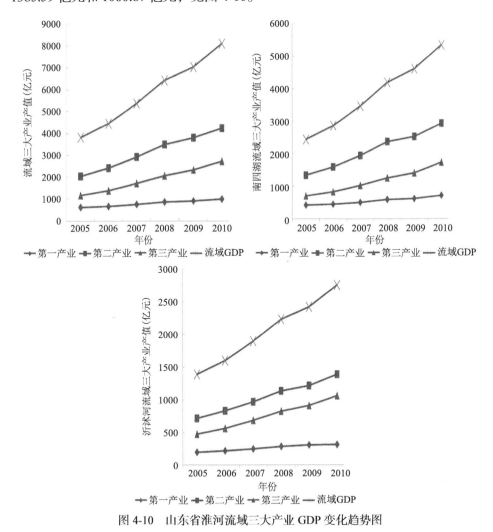

图 4-10 山东省淮河流域三大产业 GDP 变化趋势图

　　由图可知：从 2005 年到 2010 年，全流域及南四湖、沂沭河子流域的 GDP 呈快速增长的趋势，平均每年增长速度分别为 16.26%、17.08%、14.77%，整个流域地区经济发展呈快速增长状态，特别是南四湖流域地区；南四湖子流域地区产值占全流域 65.95%，沂沭河子流域地区产值占全流域 34.05%，南四湖流域地区 GDP 远高于沂沭河流域；全流域及两个子流域三大产业产值变化幅度不一，第一产业稳中有升，增幅较缓，第二、三产业上升明显，并且第二产业远高于第三产业。

　　如图 4-11 所示，山东省淮河流域三大产业结构比重从 2005 年的 15.98：

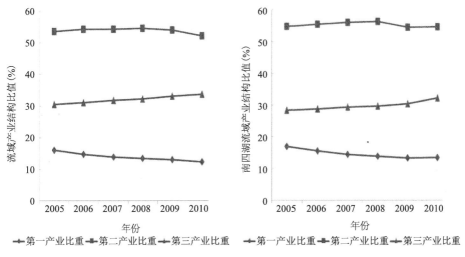

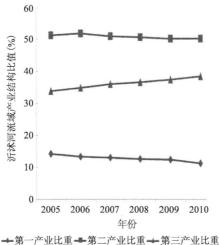

图 4-11　山东省淮河流域三大产业结构比重变化趋势

53.54：30.44演变为2010年的12.96：54.01：33.02；南四湖子流域三大产业结构比重从2005年的17.00：54.84：28.49演变为2010年的13.38：54.69：32.30；沂沭河子流域三大产业结构比重从2005年的14.18：51.25：33.85演变为2010年的11.32：50.23：38.46。从图中可知：①从2005年到2010年，全流域和南四湖、沂沭河子流域都保持着"二、三、一"的产业结构格局；②随着第三产业稳步上升，第一产业下降趋势明显，第二产业经历了缓慢的上升又下降的趋势。

总体来看，全流域及两个子流域产业结构变化呈现为：第一产业比重逐步降低，第三产业逐步上升，第二产业占据主导地位，并有缓慢降低的趋势。山东省辖淮河流域和两个子流域处在工业化中级阶段。

4.2.4 流域环境保护投资趋势分析

对淮河流域环境治理投资额进行分析，结果如图4-12及图4-13所示。目前流域环保投入水平偏低，大多数地市环境投入占GDP比重不足1%，不能满足实际需要。另外，环保投入力度与人均GDP有一定相关性，人均GDP较高的地区倾向于有较高的环保投入占GDP比重。这一特征与流域当前的经济发展阶段相适应。可以预见，随着经济的发展和人均GDP的提高，未来流域环境保护投资将有较为可观的增长。

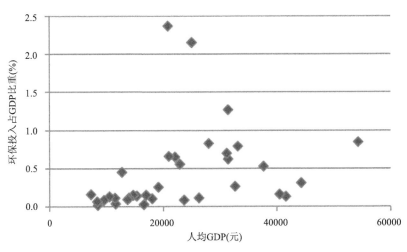

图4-12　2010年淮河流域分地市环保投入占GDP比重

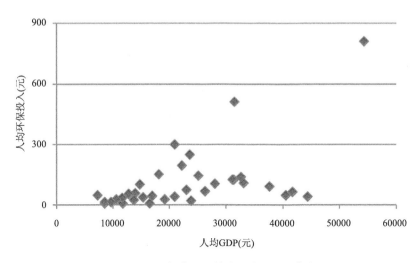

图 4-13　2010 年淮河流域分地市人均环保投入

4.3　流域水环境压力

通过对未来流域的污染负荷进行预测，可以对流域社会经济发展带来的环境压力有所把握。污染负荷预测需结合社会经济发展的情景，并选用一定的预测方法来进行。通常可选用的预测方法很多，如趋势外推法、指数平滑法、回归分析法、经济计量模型等，本研究采用趋势外推法，目的在于框定未来的污染物排放总量情况。

4.3.1　工业源污染负荷预测

基于前文得出的流域经济发展特征分析结论，结合淮河四省"十二五"国民经济发展规划中社会经济发展速度，工业排污量按照常规经济作出预测。根据假定规划目标年各工业行业执行排放标准不变；工业增加值增长速度根据四省国民经济和社会发展第十二个五年规划纲要或建议，采用相应经济增长速度。

工业排污预测采用以下假定条件：

· 假定规划目标年各工业行业执行排放标准不变；

· 工业增加值增长速度根据四省国民经济和社会发展第十二个五年规划纲要或建议，采用相应增加速度；

· 假定工业污染治理能力和单位工业增加值的排污水平不变。

预测基准年为 2010 年，采用的计算方法如下：

$$Q_{污p}=Q_{污}(1+\alpha)n$$

式中，$Q_{污p}$ 为预测年污染物产生量；$Q_{污}$ 为基准年（2009 年）污染物产生量；α 为产生污染物的年增长速率；n 为预测年数（预测年份与基准年份之差）。

工业污染物年增长速率参考地区 GDP 增长速率，并综合考虑区域水环境保护对区域经济增长的制约因素。

预测结果如表 4-10 所示。

表 4-10　淮河流域各地市工业点源负荷预测（t）

省	地市	COD			氨氮		
		现状	2015 年	2020 年	现状	2015 年	2020 年
河南	郑州	10342	18845	25912	526	958	1318
	开封	13014	22125	32336	1471	2501	3655
	洛阳	717	2062	2846	126	362	500
	平顶山	12789	22220	30155	1239	2153	2921
	许昌	5192	9118	12648	210	369	512
	漯河	3760	6322	8651	108	182	248
	南阳	269	477	642	27	48	64
	商丘	10856	25945	35102	426	1018	1377
	信阳	5003	8753	12119	361	632	874
	周口	9861	17526	22680	1020	1813	2346
	驻马店	12061	22428	31054	844	1569	2173
	河南小计	83864	155821	214146	6358	11605	15990

续表

省	地市	COD			氨氮		
		现状	2015 年	2020 年	现状	2015 年	2020 年
安徽	合肥	156	282	389	8	15	21
	蚌埠	4824	8654	11842	324	582	796
	淮南	6303	10864	14320	1172	2021	2664
	淮北	3003	5471	7294	253	460	614
	滁州	2789	5334	6975	141	270	353
	阜阳	4190	7724	10727	2044	3767	5233
	宿州	8461	15245	21522	703	1267	1789
	六安	5501	10293	13991	397	742	1009
	亳州	3936	4997	6703	615	781	1048
	安徽小计	39161	68862	93764	5658	9906	13526
江苏	徐州	16374	29862	39969	947	1728	2313
	南通	7449	12477	17912	948	1587	2279
	连云港	5732	10099	14051	463	816	1136
	淮安	11582	20966	27955	1349	2443	3257
	盐城	20301	33842	45786	2839	4733	6403
	扬州	19897	34196	46962	931	1601	2198
	泰州	7111	12307	16851	435	753	1031
	宿迁	9940	17951	24362	928	1675	2274
	江苏小计	98385	171700	233849	8841	15336	20890
山东	淄博	816	1463	1929	98	176	232
	枣庄	6023	10191	14148	300	507	705
	济宁	9316	15596	21616	431	721	1000
	泰安	1010	1743	2346	61	105	142
	日照	1550	2555	3627	125	205	292
	临沂	7917	13989	19369	700	1237	1713
	菏泽	12557	22319	30196	904	1606	2173
	山东小计	39189	67858	93231	2618	4559	6255
合计		260599	464241	634990	23475	41405	56661

根据分析，如果流域工业产业结构不发生改变，工业废水污染治理水平没有提升，到 2015 年，淮河流域工业 COD 排放量为 46.42 万吨，氨氮排放量为 4.14 万吨。如果考虑每个五年计划内单位产值工业用水量降低 20% 的硬性约束指标，那么在现有产业结构和废水治理水平不变的前提下，到 2015 年，工业发展带来的新增工业 COD 排放量约为 12.63 万吨，新增工业氨氮负荷为 1.10 万吨。"十三五"期间新增工业 COD 排放量 5.41 万吨，新增工业氨氮排放量 0.48 万吨。由负荷空间分布知，中游北部与江苏省淮河流域工业发展所带来的水环境压力大。可见，近期内流域工业发展仍将带来相当的环境压力，未来的一到两个五年计划中，工业污染负荷的削减仍是淮河流域污染治理的重点任务。

4.3.2 生活源污染负荷预测

生活污染源的估算采用人均综合产污系数法，生活污水及污染物产生量的计算公式可表述为：

$$W = \sum Q_i P_i c_i$$

式中，W 为生活污水排放量（m^3/d）；Q_i 为第 i 个单元人均综合用水量 [$m^3/$（人·d）]；P_i 为第 i 个单元的城镇人口（人）；c_i 为第 i 个单元污水排放系数。

按照《全国水环境容量核定技术指南》中的规定，城市人均产污系数参考值为：COD 60～100 g/（人·d），氨氮 4～8 g/（人·d），而生活污水排放系数一般为 0.8～0.9。人均产污系数与气候条件、城镇规模、卫生设施以及人们的生活习惯、水平等因素有关。一般来说，生活水平高、水资源丰富的地区，人均产污系数相对大于生活水平低、水资源缺乏的地区；南方地区高于北方地区。

根据生活污染物产生量以及生活污水进入城镇污水处理厂处理后的那部分削减量可算出生活污染物排放量，其基本公式可表述为：

$$L_j = \sum (K_j f_{ij} P_i - \varepsilon_{ij})$$

式中，L_j 为第 j 种污染物排放量；P_i 为第 i 个单元的城镇人口（人）；K_j 为第 j

种污染物的产生量（kg/d）；f_{ij} 为第 i 个控制单元、第 j 种污染物的人均产生量 [g/（人·d）]；ε_{ij} 为第 i 个控制单元、第 j 种污染物经污水处理厂处理的削减量（kg/d）。

城镇生活污染物的年增长速率参考地区人口增长速率，根据淮河流域各省"十二五"发展规划，参考全国城市化进程水平，在维持现有治理水平下对城镇生活污染负荷进行预测。

预测结果如表 4-11 所示。2010 年淮河流域城镇生活 COD 排放量为 101.35 万吨，氨氮为 14.94 万吨。在保持现状治理水平的情况下，预测到 2015 年淮河流域城镇生活 COD 排放量为 187.50 万吨，氨氮为 27.42 万吨。到 2020 年淮河流域城镇生活 COD 排放量为 214.22 万吨，氨氮为 31.23 万吨。"十二五"期间的快速城市化将带来巨大的城市生活污染压力，预计新增生活源 COD 排放量为 86.15 万吨，新增生活源氨氮排放量为 12.48 万吨，急需大力提高城市生活污水治理能力以与其相对应。由预测负荷空间分布知，整个流域城镇化所带来的水环境压力大。

表 4-11　淮河流域城镇生活负荷预测

省	地市	现状 COD（t）	2015 年 COD（t）	2020 年 COD（t）	现状 氨氮（t）	2015 年 氨氮（t）	2020 年 氨氮（t）
河南	郑州	38712	48180	44934	9075	11295	10534
	开封	25277	49615	61341	3915	7684	9501
	洛阳	1448	2445	2827	315	532	615
	平顶山	24391	40800	46157	4663	7800	8824
	许昌	15462	20789	24935	2531	3403	4082
	漯河	3263	4440	5383	993	1351	1638
	南阳	883	2089	2383	139	329	375
	商丘	36739	59963	68526	5176	8448	9654
	信阳	29627	61609	76000	4208	8750	10795
	周口	53955	104459	135084	7148	13839	17896
	驻马店	32429	74769	86683	4765	10986	12737
	河南小计	262186	469158	554253	42928	74418	86650

续表

省	地市	现状COD（t）	2015年COD（t）	2020年COD（t）	现状氨氮（t）	2015年氨氮（t）	2020年氨氮（t）
安徽	合肥	1418	2328	2578	169	277	306
	蚌埠	9089	16225	19192	2253	4022	4758
	淮南	21006	31460	35164	3127	4683	5234
	淮北	13842	21760	23989	1578	2481	2735
	滁州	33247	67343	76517	3236	6554	7447
	阜阳	33459	115863	134592	4620	15999	18585
	宿州	22630	81245	93941	3247	11659	13481
	六安	32089	100877	114254	4618	14519	16444
	亳州	23185	92593	107063	3441	13743	15890
	安徽小计	189965	529695	607291	26289	73936	84880
江苏	徐州	65510	95109	105537	7941	11529	12793
	南通	29339	42516	46068	3714	5382	5832
	连云港	47509	68087	76608	6365	9122	10264
	淮安	50561	65147	77939	7003	9024	10796
	盐城	86240	126690	139657	10094	14828	16346
	扬州	44855	68208	87869	5660	8607	11087
	泰州	15319	30216	33228	1818	3585	3943
	宿迁	43856	68931	77480	5882	9245	10392
	江苏小计	383190	564904	644387	48478	71323	81453
山东	淄博	2158	2733	3073	426	539	606
	枣庄	21499	31306	34646	3809	5546	6138
	济宁	37008	60027	68021	6772	10984	12447
	泰安	7493	11294	13023	1446	2180	2514
	日照	5856	9512	10534	1027	1669	1848
	临沂	54553	83306	94902	10531	16082	18320
	菏泽	49571	113052	112125	7700	17560	17416
	山东小计	178137	311230	336324	31711	54560	59290
	合计	1013478	1874986	2142254	149406	274237	312273

4.3.3 农业源污染负荷预测

农业面源污染是指人们从事农业生产活动时通过使用农药、化肥、畜禽粪便及废水等因素造成的污染，它具有量大、面广、分散性强、污染负荷大、难以集中控制等特点。同时，农业面源污染还具有三个不确定性：在不确定的时间内、通过不确定的途径排放不确定数量的污染物。淮河流域农业源污染负荷将从畜禽养殖、水产养殖、种植业三个方面考虑。畜禽养殖与水产养殖源污染的预测基于以下考虑：假定维持现有治理水平，畜禽养殖产业规模增长与 GDP 发展同步，种植业污染负荷预测主要考虑粮食增产的影响[12]。

据此进行预测，预测结果如表 4-12 所示。2010 年，淮河流域农业源 COD 排放量为 141.73 万吨，氨氮负荷为 11.16 万吨。2015 年，淮河流域面源 COD 负荷为 182.86 万吨，氨氮为 14.28 万吨。2020 年，淮河流域面源 COD 负荷为 212.75 万吨，氨氮为 15.74 万吨。"十二五"期间淮河流域新增农业源 COD 排放量 41.13 万吨，新增农业源氨氮排放量为 3.12 万吨。由负荷空间分布知，中游北部农业发展所带来的水环境压力大。

表 4-12 淮河流域面源负荷预测

省	地市	现状 COD（t）	2015 年 COD（t）	2020 年 COD（t）	现状 氨氮（t）	2015 年 氨氮（t）	2020 年 氨氮（t）
河南	郑州	24000	39578	46254	1929	3016	3269
	开封	43601	65384	78991	3480	4429	5141
	洛阳	39888	42257	43324	3222	3277	3291
	平顶山	54556	56500	56776	4561	4588	4674
	许昌	46726	48348	57582	3646	3763	3926
	漯河	29773	34235	39514	1839	2665	2945
	南阳	70771	72333	74353	6100	6123	6134
	商丘	66995	80582	99354	6169	7282	8746
	信阳	65758	80361	98373	5624	6156	7461
	周口	72172	96978	119684	6235	8924	10641
	驻马店	97440	98204	100210	7841	7943	8453
	河南小计	611679	714760	814415	50645	58166	64681

续表

省	地市	现状 COD（t）	2015 年 COD（t）	2020 年 COD（t）	现状 氨氮（t）	2015 年 氨氮（t）	2020 年 氨氮（t）
安徽	合肥	17869	25095	27702	1606	1860	1911
	蚌埠	25902	42002	49287	2482	3366	3441
	淮南	7138	23401	25449	1025	2183	2323
	淮北	5797	23199	25195	589	1767	1802
	滁州	30958	35670	40843	3041	3077	3092
	阜阳	52162	56129	65953	3925	3954	4003
	宿洲	39778	52781	62532	2986	3693	4267
	六安	42195	44320	51690	2593	3676	4277
	亳州	26563	43998	51362	2197	3670	3952
	安徽小计	248362	346596	400013	20443	27247	29069
江苏	徐州	57218	76120	92991	4968	6829	7740
	南通	32302	35041	40545	2281	2376	2454
	连云港	26302	55517	67086	2345	4417	5127
	淮安	34428	58837	69918	1915	3962	4190
	盐城	68109	98787	120300	5144	6944	7949
	扬州	20426	41272	48181	1351	2983	3273
	泰州	22609	36468	41814	1463	2651	2860
	宿迁	31038	34211	39119	2817	3338	3489
	江苏小计	292432	436254	519954	22284	33500	37082
山东	淄博	15250	22554	24384	1091	1712	1809
	枣庄	17391	41505	48714	1279	2828	3030
	济宁	73478	85833	105179	4778	5597	6376
	泰安	16969	21492	23214	1169	1571	1670
	日照	19594	23613	25865	1052	1801	1828
	临沂	66648	73609	89844	4329	5212	5904
	菏泽	55516	62407	75900	4488	5186	5922
	山东小计	264847	331013	393101	18187	23908	26538
	合计	1417320	1828624	2127481	111558	142820	157370

4.4　水污染控制关键问题

基于上述分析，对流域水环境容量、流域经济发展阶段、流域污染负荷发展趋势等各因素进行综合分析，可以寻求流域水污染主要成因，判断流域水体污染形势，从而识别流域水体污染控制与治理面临的关键问题，得出流域治理的总体思路，确定未来工作中的抓手与重点任务，为流域水体污染控制与治理方案提供重要依据。

4.4.1　流域水污染成因

当前流域水污染问题综合症状主要为支流和跨界污染较严重，氨氮成为主要污染因子，有毒有害污染日趋凸显，水生态退化，地下水污染较严重；污染负荷总量大，生活和农业（特别是畜禽养殖）为主要负荷来源，结构性污染仍然存在，沙颍河-涡河流域负荷贡献大。究其原因则主要为流域社会经济发展水平偏低，处于工业化初期或中期阶段，水污染控制与治理技术储备不足、推广不够，以及污水治理能力有待提高等。

1. 污染负荷远远超出环境容量，水质达标存在压力

前文针对未来水污染负荷进行了预测，可以看到随着人口经济的发展，水环境压力将越来越大。而事实上，目前淮河流域的水体污染负荷也已远远超过其环境容量，即使只考虑有比较确定统计的点源负荷，也与环境容量相差甚远。如表 4-13 所示，在大部分地区，仅针对工业生活源所确定的总量控制目标都是超过环境容量的。

从整个淮河流域来看，位于淮河干流北侧的沙颍河流域以及位于入海水道北侧的苏北地区，入河负荷比水环境容量高很多；淮河干流南侧区域的水环境承载力大于入河污染负荷。从四省情况来看，河南省面临的水污染负荷与环境容量之间的差距最大，安徽省面临的这一压力相对小一些。

表4-13　淮河流域容量与负荷比较（t）

地级市		COD			氨氮		
		纳污能力	实际负荷	工业生活源负荷	纳污能力	实际负荷	工业生活源负荷
河南	郑州市	17910	73054	49054	919	11530	9601
	开封市	6048	81892	38291	243	8866	5386
	洛阳市	2434	42053	2165	126	3663	441
	平顶山市	10334	91736	37180	1028	10463	5902
	许昌市	6807	67380	20654	391	6387	2741
	漯河市	11082	36796	7023	589	2940	1101
	南阳市	1295	71923	1152	73	6266	166
	商丘市	7031	114590	47595	551	11771	5602
	信阳市	36610	100388	34630	2919	10193	4569
	周口市	13570	135988	63816	759	14403	8168
	驻马店市	14797	141930	44490	1005	13450	5609
安徽	合肥市	517	19443	1574	61	1782	177
	蚌埠市	55135	39815	13913	4484	5060	2577
	淮南市	32574	34446	27309	2266	5324	4299
	淮北市	2471	22642	16845	229	2420	1831
	滁州市	15314	66994	36036	1278	6418	3377
	阜阳市	17425	89811	37649	1305	10589	6664
	宿州市	300	70868	31090	58	6936	3951
	六安市	18427	79785	37590	1533	7608	5015
	亳州市	572	53685	27121	39	6253	4056
江苏	徐州市	8879	139102	81884	854	13857	8889
	南通市	9652	69090	36788	535	6943	4662
	连云港市	13843	79543	53241	830	6828	6828
	淮安市	34298	96572	62143	2845	10267	8353
	盐城市	44616	174650	106541	2914	18076	12933
	扬州市	7693	85178	64752	770	7942	6591
	泰州市	6743	45039	22430	625	3716	2253
	宿迁市	10320	84833	53796	962	9627	6810

续表

地级市		COD			氨氮		
		纳污能力	实际负荷	工业生活源负荷	纳污能力	实际负荷	工业生活源负荷
山东	淄博市	2012	18224	2974	104	1615	524
	枣庄市	3165	44914	27523	152	5388	4109
	济宁市	12456	119802	46324	790	11981	7203
	泰安市	1255	25471	8502	21	2676	1507
	日照市	2384	27000	7405	124	2204	1152
	临沂市	18106	129118	62470	791	15561	11231
	菏泽市	13499	117643	62128	642	13092	8603

总而言之，当前水体污染负荷与环境容量之间的巨大差距是一个客观存在的事实；另一方面，淮河流域各省当前所处的经济阶段也客观决定了其在短期内不可能将污染排放削减到环境容量之下，这是在进行流域水体污染控制与治理时必须正视的两个基本点。

2. 水资源匮乏，时空分布不均，部分河段缺乏天然径流

淮河流域水资源匮乏，其人均和亩均占有水资源量仅为全国的1/5，为极度缺水区。同时，流域水资源具有地域分布不均、年内分配集中、年际变化大等特点。水资源空间分布总的趋势表现为南部大、北部小，同纬度山区大于平原；平原地区沿海大、内陆小；年径流量主要集中在汛期6~9月，约占年量的52%~87%；径流汛期集中程度，北方高于南方。淮河流域水资源量的地区空间分布与流域社会、经济分布不相适应，与耕地、人口分布不相匹配。流域山区人口占流域总人口的1/4，平原区占3/4；山丘区耕地面积占淮河流域总耕地面积1/5，平原区占4/5；人口和耕地分布是平原大于山区。而水资源分布则是山区大于平原，山丘区雨量丰沛，水资源丰富，但人口和耕地较少；平原区人口和耕地较多，水资源不足。因此，流域水资源供给与经济发展需求之间矛盾突出。

通过对淮河流域水质空间分布与水资源量空间分布进行叠置分析（图4-14），

可以看出，流域支流水质与所处地区水资源量有强相关性。地均水资源量由上游向下游呈现逐渐上升的趋势，干流北侧的地均水资源量较低，贾鲁河、惠济河、黑河等众多支流上游天然径流匮乏，水体自身的污染净化能力较弱，与干流北侧支流水质较差相对应。

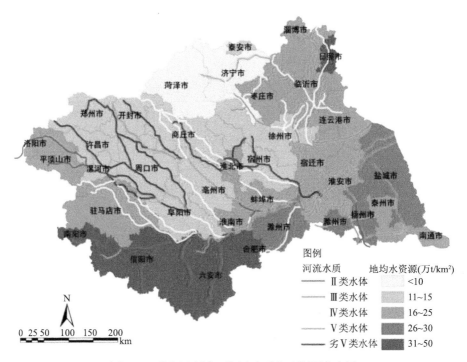

图 4-14　淮河流域主要河流水质与水资源分布图

3. 各类污染源负荷空间分布不均，生活源及农业源分布与支流水质有所呼应

除了水资源空间分布不均的影响外，分析表明，各类污染源负荷的空间分布对支流水质也具有一定的影响。通过对工业源、生活源、农业源负荷空间分布与水质空间分布的叠加分析，可以判别各地区水质的主要污染源成因。

1）COD 负荷空间分析

从各类污染负荷的空间分布来看，工业源地均 COD 负荷高值区域位于南水北调东线济宁、枣庄、扬州，沙颍河流域的漯河，以及淮干的淮北、蚌埠、淮南。生活源地均 COD 负荷高值区域位于沙颍河流域的郑州、许昌、漯河，与南水北调东线的徐州、扬州、泰州、枣庄。种植业地均 COD 负荷高值区域位于淮干以

北，沙颍河流域与涡河流域的许昌、漯河、开封、周口、商丘等。畜禽养殖地均
COD 负荷高值区域位于除郑州以外的河南各地市，且地均负荷超过全流域平均水
平的 2 倍（图 4-15 至图 4-18）。

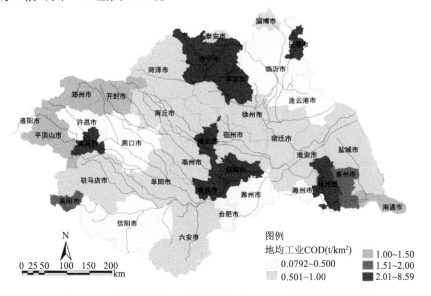

图 4-15 淮河流域各地级市地均工业 COD 入河总量分布情况

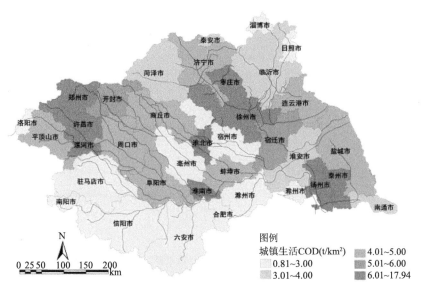

图 4-16 淮河流域各地级市地均城镇生活 COD 入河总量分布情况

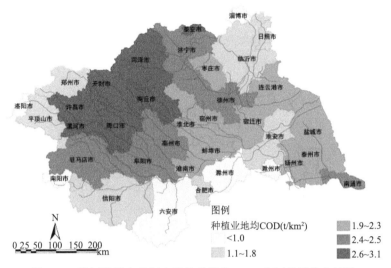

图 4-17   淮河流域各地级市地均种植业 COD 入河总量分布情况

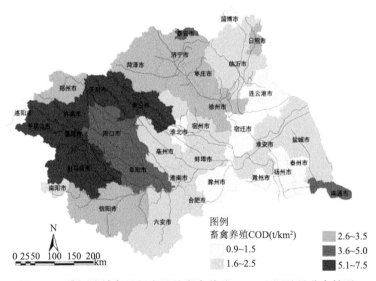

图 4-18   淮河流域各地级市地均畜禽养殖 COD 入河总量分布情况

2）氨氮负荷空间分析

工业地均氨氮负荷高值区域位于淮干经济相对落后的安徽省各市，以及河南的开封、漯河。城镇生活地均氨氮负荷高值区域位于沙颍河流域、涡河流域、南水北调东线以及人口密度大、经济水平高的郑州、淮南、扬州。种植业地均氨氮负荷高值区域位于沙颍河流域与涡河流域的漯河、开封、周口以及山东菏泽。畜禽养殖地均氨氮负荷高值区域位于河南的平顶山、漯河、驻马店、许昌、开封、商丘，且地均负荷超过全流域平均水平的 2 倍（图 4-19 至图 4-22）。

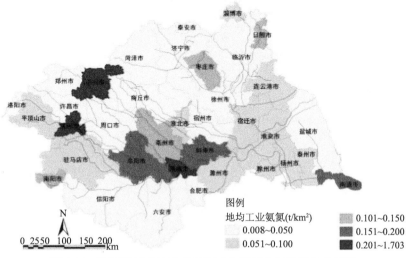

图 4-19　淮河流域各地级市地均工业氨氮入河总量分布情况

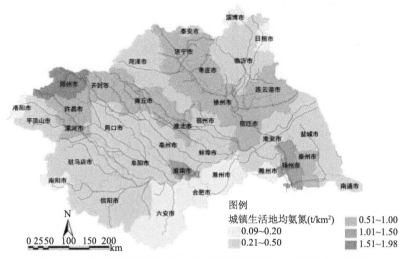

图 4-20　淮河流域各地级市地均城镇生活氨氮入河总量分布情况

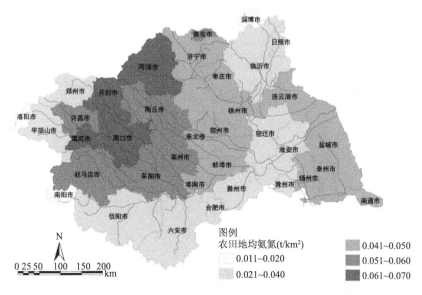

图 4-21 淮河流域各地级市地均种植业氨氮入河总量分布情况

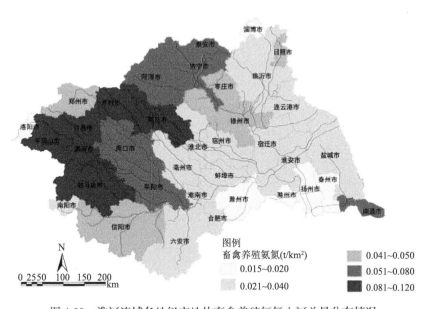

图 4-22 淮河流域各地级市地均畜禽养殖氨氮入河总量分布情况

　　总体可以看出，淮河流域水质的空间分布成因明确，重污染河流在流域内普遍存在地均水资源量低、生活源和农业源负荷高的特点。由此可以得出淮河流域水体污染控制的重点抓手，即水资源的合理调度、城镇生活污染的治理和对面源污染的控制。

4. 生活源污染贡献高，氨氮成为主要超标因子

水质分析表明，与 COD 相比，氨氮已成为淮河流域的主要超标因子，这与流域处于城镇化快速推进时期关系密切。"九五"之前，工业污染排放曾是流域污染的主要来源，随着流域工业污染治理水平的快速上升和城市化的快速推进，流域人口总量和人口密度日益增大，生活污水排放量逐步增加，但生活污水处理设施及配套管网建设未能同步跟进，生活污水处理率偏低。近年来，淮河流域生活源排放占工业生活源排放的比重不断提高，2010 年，生活源 COD 排放量与氨氮排放量分别占工业生活源排放量的 79.5%和 86.4%，生活源已成为流域工业生活污染排放的最主要来源。综合考虑工业生活源与农业源，尽管氨氮的农业源排放量也占有一定比重，但在实际入河负荷中，来自生活源的入河负荷毋庸置疑占主要地位。

结合前文对流域水质分水期特征的分析，来自农业源的氨氮入河负荷主要表现在丰水期水质的变化，平水期与枯水期的水质则主要受到点源的影响。从流域氨氮浓度的分水期均值上看，除了部分畜禽养殖发达地区存在丰水期氨氮浓度高的特点以外，流域总体上枯水期水质最差，丰水期水质最好，枯水期水体氨氮浓度是丰水期水质的 1.72 倍，这也说明了流域氨氮污染主要是由点源引起的。

4.4.2　流域社会经济发展趋势与水污染治理影响

1. 社会经济发展趋势分析

淮河流域跨河南、安徽、江苏、山东四省，流域中耕地面积占全国的 12.03%，人口占全国的 15.45%，粮食产量占全国的 19.92%，GDP 占全国的 15.35%，是我国重要的粮食主产区以及能源和制造业基地，在我国经济发展中具有十分重要的地位。"九五"以来，淮河流域城市化进程和经济发展速度逐步加快，社会经济发展与水环境保护之间的矛盾日渐突出[13]。

第一，城镇化快速推进促使人口高度集中，对周边地区水环境产生巨大压力。

淮河流域是我国人口最为密集的地区之一，"十五""十一五"期间总人口年均增长 0.7%，2010 年全流域人口为 1.37 亿人（预计 2020 年将超过 2 亿人），城镇化水平由约 20% 快速提高至 2010 年的 34.8%，但依然远低于全国同期 49.7% 的平均水平。淮河流域四省及所属市、县相继出台了一些政策和规划，大力推进区域城镇化进程。其中，影响较大的包括《中原城市群总体发展规划》《沿淮城市群规划》、徐州都市圈规划和《江苏沿海地区发展规划》等。若这些规划实现，届时淮河流域城镇人口规模将由当前的 5700 多万，猛增到 2020 年 1 亿左右。按照现有的生活方式和产污系数，2020 年城镇生活污染负荷发生量将约为 2007 年的 2 倍，这将极大地影响这些城市群及其周边的水环境质量。

第二，商品粮主产区和粮食增产核心区的定位，使得农业面源污染控制任务更加艰巨。

淮河流域是我国的主要粮食生产基地之一，2010 年保有耕地 18977.27 万亩。2008 年 7 月，国务院通过《国家粮食安全中长期规划纲要》后，作为粮食增产核心区的河南省和安徽省，以淮河流域为主要依托，分别承担了 300 亿斤和 220 亿斤的增产任务，合计承担了国家增产计划的 65%。由于淮河流域的土地资源总体开发程度非常高，后备耕地资源极少，粮食增产目标的达成主要取决于单产的提高，而在现有技术条件下，除了选用良种、改良耕作制度、强化田间管理、优化水肥配比外，化肥农药的施用量可能还要进一步增加。耕地资源的有限性和粮食增产目标的迫切性，使得种植业对化肥的依赖性增强，农田面源污染控制的难度成倍增加。

第三，经济落后地区的快速发展和工业化的快速推进，进一步增加控源减排工作压力。

淮河流域经济快速增长，但仍属经济欠发达地区。结合前文流域经济发展特征分析，可以看到，流域经济发展迅速，但仍低于全国平均水平，目前工业化发展迅速，但整体上依然处于工业化中级阶段。在这样的背景下，一方面流域人民和各级政府渴求发展的欲望强烈；另一方面社会经济发展可以依托的产业类型局限性较大，化工、造纸、制革、纺织、食品加工等低附加值、重污染行业在淮河流域当前和未来的产业结构中仍然居重要地位。系统调研流域内主要城市群发展规划可以发现，至少到 2020 年以前，淮河流域四省都在积极推进工业化进程、提高工业产出占国民经济的比重，还将大力依托资源型和污染型产业，难以改变当前结构性污染严重的局面。河南省中原城市群规划的四大产业发展带，将铝工业、煤化工、盐化工、石油化工、轻纺、食品加工、造纸、铅锌加工、煤炭、电力等资源消耗大、污染强度高的产业作为主导产业。安徽省将沿淮城市群发展目标确定为国家重要的能源与农产品加工基地、长三角制造业梯度转移的重要承接地、安徽省重化工主要集聚地；产业发展主要依托大型煤、电、化企业，集成发展煤电化产业特别是煤化工产业，重点培育煤电 - 煤化工、农副产品深加工、轻纺、循环经济等四大主导性产业集群，大力扶持医药、机械电子制造、新型建材和高新技术四大成长性产业集群。江苏沿海地区发展规划中，依托沿海资源优势大力发展临港型石化、钢铁、粮油加工等行业。

第四，产业结构调整及经济发展模式转变使得流域污染负荷发生量存在较大的削减空间。

由于清晰地意识到产业结构与经济发展模式带来的巨大环境压力，流域四省也在积极开展产业结构调整，尤其是工业产业结构调整，创造条件引进和发展低资源消耗、低污染、高附加值的工业产业类型（如高科技产业、新材料、新能源、机械、汽车、物流等），并开始逐步改革产业发展模式（如发展循环经济、生态农业等），大力提升第三产业在国民经济中的比重，走科学发展和可持续发展的道路。这些计划的有效实施将有可能大幅度削减社会经济发展带来的结构性污染负荷，突破淮河流域社会经济发展与生态环境保护激烈冲突的困境，使得流域水环境保护与改善能够分享社会经济发展的成果。

2. 流域水污染治理的影响

淮河流域水质直接受制于入河污染负荷和水资源量，而入河污染负荷除了取决于负荷发生量（由流域社会经济发展特征决定）以外，还受制于流域环境治理及其管理的水平和强度。其中最具有标志性的指标就是污水集中处理率和处理达标率。由于国家和地方在环境保护科研、水环境治理设施与工程、水环境管理等方面的投入不断加大，入河负荷还有一定的削减空间，关键在于负荷削减能力的增长能否超过污染负荷增长的速度，负荷削减能力的空间配置是否适应流域各个区域社会经济发展的需要，入河负荷能否与相应地区的水环境承载力相适应[14,15]。

第一，国家和地方的大力投入使得污水集中处理率和处理水平得到快速提升，但仍有提升空间。

受社会经济发展基础所限，淮河流域污水处理厂建设长期未能完成国家既定目标，致使整个淮河流域污水集中处理水平长期偏低。"十一五"期间国家和地方在淮河流域投入大量资金，建设污水处理厂，有效地提升了流域污水集中处理率和处理水平。《淮河流域水污染防治"十一五"规划》中，确定规划项目656个，投资约306.7亿元；其中城镇污水处理设施建设项目共251个，处理规模为783.0万吨/日，投资约201.4亿元。但是，从前文分析来看，污水集中处理率距离《重点流域水污染防治"十一五"战略规划》80%处理率的既定目标还有不小的差距，处理水平也难以全面达到《淮河流域水污染防治"十一五"规划》中确定的一级排放标准。

河南省郑州市自2003年开展创建国家环保模范城市以来，重点建设了6县（市）7座污水处理厂（含改扩建工程），2009年郑州五龙口污水处理厂二期工程投入运行后，郑州市区的污水处理率达到90%，有效地缓解了贾鲁河、沙颍河的污染压力。安徽省在2007年、2008年安排了2亿元县级城市污水处理项目建设专项财政资金，到2009年安徽省已顺利实现淮河流域每个市县均建成一座以上污水处理厂的既定目标，省辖流域污水处理率超过七成。2009年7月，徐州市荆马河污水处理厂运行后，3座投入运行的城市污水处理厂处理能力达到29.5万吨/日，全市污水处理率达到了86%，使得徐州市成为目前江苏省乃至淮河流域城市污水处理率最高的城市。

第二，国家水体污染控制与治理科技重大专项等涉水科研项目的实施为淮河流域水污染治理提供更加有力的科技支撑。

国家水体污染控制与治理科技重大专项（以下简称"水专项"）以及"863"计划、"973"计划、国家科技支撑计划等都投入大量资金（仅水专项就列支300多亿元），资助了大量涉及水污染控制和水环境保护的科研项目，分别从污染负荷的源头控制技术、废污水集中治理技术和分散治理技术、废污水深度治理与资源化技术、水污染控制与水环境保护管理技术等方面开展系统研究，为有效削减淮河流域入河污染负荷提供了强有力的科技支撑。

综上所述，到2020年以前，淮河流域工业源、生活源、农业源的排放量都将呈增长的趋势，其中城镇生活和传统工业行业的污染负荷将有较大增长，农业源污染负荷总体上稳中有升，局部工业化程度较高或产业结构调整较好的地区工业污染负荷将可能稳中有降。与此同时，限于流域社会经济发展水平，流域废污水处理率和处理达标率的提升还难以在短期内满足流域水环境达标的需要，淮河流域入河污染负荷在短期内还存在巨大的增长压力，它的有效控制取决于国家和地方的水污染治理力度。

根据当前可以判断的影响入河污染负荷的各种因素，如果依照现有的发展模式，淮河流域水体污染控制将承受非常巨大的压力，必须加大力度开展相关科技研发和水污染治理实践，大幅度提高流域水体污染负荷的控制能力（控源）和削减能力（减排），以保障淮河流域到 2030 年全面返清的国家目标的实现。

4.4.3　流域水体污染控制与治理关键问题

1. 城镇化快速推进，带来巨大水环境压力

相关规划显示，未来 10 年内城镇化进程将进入关键阶段，城镇人口规模将增长将近 1 倍，带来巨大的水环境压力。另一方面，流域城镇生活污水处理总体水平仍比较低，城镇生活污水集中处理率低于全国平均水平，部分地区大部分生活污水还未进入管网，污水处理厂还存在着种种问题。提高流域城镇生活污水处理水平，大幅度削减城镇生活污染负荷是下一步水污染控制与治理工作中亟待解决的关键问题。

2. 农业源污染日趋严重，粮食增产压力大

农业源负荷已经成为流域水污染负荷的重要组成部分。2010 年，农业源 COD 排放量已占到全流域 COD 总排放量的 52.67%，其中河南省这一比重最高，为63.87%。进行流域水污染治理，面源污染的控制与减排已成为不可忽视的关键问题之一。在农业源中，种植业和养殖业是最主要的组成部分，目前淮河流域在这两方面的污染减排工作还没有全面开展。另一方面种植业的污染负荷还有大幅度增加的可能。据统计，为了提高粮食产量，化肥施用量已增加到目前的 702 万吨，而平均有效利用率只有30%～35%，其余的通过各种环境过程成为河流湖泊的 N、P 污染源。2008 年河南、安徽两省又被列入国家粮食战略工程核心区，分别提出到 2020 年增产粮食 300 亿斤与 220 亿斤的战略目标。在 2009 年国务院办公厅印发的《全国新增 1000 亿斤粮食生产能力规划（2009～2020）》中提出，淮河流域

是我国小麦、玉米和稻谷的优势产区，是该规划的核心区之一。可以预见，淮河流域农业面源污染压力将进一步增加，面源污染防控将成为淮河流域水污染防治一项长期而艰巨的任务[6, 12]。

3. 结构性污染仍然存在，缺乏经济高效的废水治理技术

淮河流域的产业结构偏重于资源型和重污染产业，单位工业增加值污染强度大，造纸、化工、农副、纺织、饮料、食品、黑色金属、皮革、医药九个主要污染行业产值约占流域工业总产值的 1/2，但排放的 COD 和氨氮分别约占全流域工业源排放总量的 85% 和 90%，结构性污染突出。流域内行业排放标准不统一，区域间工业污染治理水平、环境监管能力有明显差距，再生水回用率总体偏低，部分企业存在直排、超标排放现象。尽管工业点源排放在水污染物排放中所占比重较低，但重污染工业行业的污染削减工作仍然不可忽视，在国家和地方设置的水污染控制指标日益严格的情况下，缺乏经济高效的废水深度治理技术已成为流域水污染治理的主要瓶颈之一。以造纸行业为例，据统计，淮河流域造纸行业的经济贡献率仅为 3.6%，而其 COD 排放量则高达 47.5%，其重要原因之一就在于造纸行业（尤其是草浆制浆造纸行业）缺乏经济高效的废水深度处理和清洁生产技术。因而，在淮河流域开展经济高效的废水深度治理技术创新与现有技术的综合集成研究十分必要。

4. 闸坝密布，用水、防洪及治污之间矛盾突出

为满足社会发展对水资源的需求，有必要在河流上修建众多的闸坝和水库。一方面，闸坝的存在对满足人民生产生活用水需求起到重要作用；但在另一方面，过多的闸坝阻断了河流的连续性，使得闸坝上游经常蓄积大量的工业废水和生活污水，导致污染集中下泄，造成河流突发污染事故。就全国分布而言，我国主要河流大中型闸坝分布呈现"东高西低"的特点，其分布与区域经济发展水平、人口密度、水资源量等因素相关。淮河流域多年平均水资源总量为 854 亿 m^3，其中地表水资源总量为 621 亿 m^3，人均、每公顷平均地表水占有量分别为 386 m^3 和 5175 m^3，不足全国平均的 1/5。淮河流域平均降水量为 883 mm，冬春季节干旱少雨，汛期（6～9 月）降水量占全年的 70%～80%，且多以暴雨形式短期集中下降，水资源难以有效利用。为了保障工农业生产与生活用水，全流域建设了大小 5000

多个闸坝，以拦蓄水资源。闸坝过多导致水体流动性严重下降，水环境容量大为降低。同时加之流域地势较为平坦，坡降小，河流流速缓，水体自净能力差，加大了淮河水污染治理的难度。闸坝在流域防洪、农业灌溉和供水等方面发挥了巨大的作用，但与此同时，闸坝工程使上游经常囤积大量的工业废水和生活污水，曾导致多次严重的污染团下泻事件，加剧了淮河流域用水、防洪与治污之间的矛盾。水资源短缺与闸坝的密布是解决淮河流域水污染问题所不可忽视的关键问题[16-18]。

综合以上分析，流域水体污染控制与治理工作的主要抓手应为：促进人口布局与产业结构优化调整；研发高效污染源防控与治理技术并推广，增强污染防控与治理力度；研发生态净化与修复技术与地下水氮污染防治技术，积极开展水体生态功能修复，恢复流域水生态系统完整性；创新管理机制，推进生态补偿与跨界多部门协同管理，加强水质监控、预警及应急；以调水保护区及重污染子流域为治理重点，进行水质达标综合治理，修复流域生态。

4.4.4 各省淮河流域水污染控制关键问题

1. 河南省淮河流域关键问题

经济社会快速发展和水环境容量严重不足的矛盾仍然突出，污染负荷与环境容量之间存在巨大差距。《全国主体功能区规划》已将中原经济区纳入国家层面的重点开发区域，中原城市群的部分地区列为国家重点开发区域；河南省粮食核心区建设要求全省粮食生产能力 2015 年达到 600 亿公斤，成为全国重要的粮食生产稳定增长的核心区；2015 年全省城镇化率将由目前的 39.5%提高到 48%。所有这些领域的发展都需要水资源和水环境容量的强力支撑。以粮食核心区建设为例，1200 亿斤粮食产量将需要新增 1.6 万吨农药、87.5 万吨化肥及 107.57 亿吨农田灌溉用水，粮食种植业的延伸产业——畜禽养殖业的发展将新增约 23 万吨化学需氧量、5.04 万吨氨氮。而河南省不仅水资源严重短缺，而且时空分布不均，一些河流如沙颍河、黑泥泉河、涡河、惠济河、包河、浍河、大沙河、卫河、马颊河、金堤河等，除丰水期以外，几乎无任何天然径流，没有生态自净能力。如何解决社会经济快速发展和水环境容量严重不足之间的矛盾，是河南省环保工作面临的一个重大课题。

　　污染治理水平与环境质量持续改善要求之间矛盾突出，工业化、城镇化、粮食增产增加减排达标压力。尽管"十一五"期间河南省淮河流域县县建成了污水处理厂，对工业点源也做到了应治尽治，但现有治理水平与环境质量持续改善的要求之间还存在尖锐矛盾。河南省污水处理厂还有 48 座执行的是污水排放二级标准、77 座执行一级 B 标准，随着国家"十二五"期间对地表水质 24 项因子全考核新要求的出台，对现有污水处理厂升级改造迫在眉睫。随着河南省"十二五"期间城镇化率的进一步提高，约 1000 万人口将转移到城市生活，每年将新增生活污水约 8 亿吨，新建污水处理厂的任务十分繁重。"十二五"期间，每天将需对新增 9000 多吨污泥进行处置。污染减排及环境质量持续改善的任务也要求工业点源和畜禽养殖企业进一步提高治污水平，对重点流域实施生态修复。

　　生活源污染压力日益加大，城市生活污水成为氨氮主要来源，相应治理水平亟待提高，污染物去除率有待提高。根据流域工业源与生活源污染变化趋势分析，近年来，流域生活源在点源污染中所占的比重日益增加。2010 年，流域生活源 COD 排放量为 169633 吨，占流域点源 COD 排放总量的比例达到 70.1%，相比 2001 年增加 3 个百分点，与此同时，流域生活污水中 COD 和氨氮的去除率仅为 59.98% 和 42.02%，生活源已成为影响流域水环境质量的重要因素。未来一段时期，流域各地区社会经济仍将保持较高的发展速度，城镇化率也将不断提高，生活源对水环境的压力将持续加大，因此，加强生活污水处理能力建设，提高污染物特别是氨氮的去除率就成为流域生活源控污的重要内容。

　　面源污染问题日益凸显，污染治理不可忽视，面源控制迫在眉睫，需尽快全面开展相应治理措施。面源污染在流域污染中占据较大比重，其中面源 COD 排放量占流域 COD 排放总量的 63.87%，是流域首要的 COD 污染源。根据面源的污染结构分析，畜禽养殖业的 COD 排放量为 520217 吨，氨氮排放量为 38854 吨，占流域面源污染物排放量的比重较大。流域 COD 污染由面源和点源共同组成，面源污染已接近点源污染程度，流域氨氮污染主要由点源引起，但面源占有很大的比例，流域面源污染控制迫在眉睫。因此，流域的面源污染控制应从畜禽养殖业着手，有序控制畜禽养殖业的规模，大力提倡粪便的资源化利用，有效削减畜禽养殖业污染物的入河量。

　　工业源减排潜力减小，但造纸、化工、皮革等传统行业经济产出与环境代价严重不对等，结构调整任务重。2010 年淮河流域重点调查单位工业 COD 排放量为 83863 吨，氨氮排放量为 6360 吨，分别占河南省排放总量的 47.87% 和 48.39%。流域工业 COD 排放强度为 2.25 千克/万元，略高于河南省 1.81 千克/万元的平均水平。从分行业排污情况来看，流域 COD 排放量排前三位的行业为造纸及纸制品业、农副食品加工业、化学原料及化学制品制造业，其 COD 排放量占流域工业排放总量的 60% 以上，是流域主要的 COD 排放行业。化学原料及化学制品制造业的氨氮排放量最大，占流域排放总量的 48.69%，其次为皮革、毛皮、羽毛（绒）及其制品业，农副食品加工业和食品制造业，上述四个行业氨氮排放量占流域排放总量的 81.59%，是流域主要氨氮排放行业。这些行业的经济产出与环境代价严重不对等，结构调整任务重。

污染负荷空间分布不均，个别河流污染仍较严重。 2010 年流域 COD 和氨氮浓度均呈现出自西南向东北逐渐增大的趋势，这说明流域 COD 和氨氮污染程度自西南向东北逐渐加重，流域污染负荷分布不均。虽然严重污染河流已经由 2005 年的 5 条减少为 2010 年的 2 条，且污染程度也有较大幅度下降，但是惠济河、包河、黑河、贾鲁河、清潩河的污染仍较严重，主要由于这些河流上游天然径流匮乏，同时作为流经城市的主要纳污河流，接纳的生活污水和工业废水成为河道径流的主要阻碍，严重制约了河流水质改善。

氨氮成流域首要污染因子，控氮减排压力加大。 除 2005 年流域氨氮达标断面个数（24 个）高于 COD 达标断面个数（23 个）外，其余年份均小于 COD 达标断面个数；同时，惠济河、包河、黑河、贾鲁河等污染比较严重的河流主要超标因子为氨氮。总体上，流域以氨氮为代表的水质劣于以 COD 为代表的水质，氨氮仍为未来水质治理工作的重点。

流域内氨氮排放量前四位的行业（化学原料及化学制品制造业、饮料制造业、食品制造业、农副食品加工业）氨氮排放量占流域工业总排放量的 79%，而工业增加值贡献率仅为全流域的 15.4%，同时流域内长期形成的粗放型经济增长方式所带来的结构性污染突出，传统经济发展方式难以在短期内发生根本性的改变，加之沿海产业向中西部转移的步伐加快，污染减排形势依然严峻。

环境管理需健全长效机制，切实增强水污染防治的内在动力。 在以往主要以行政手段解决水污染问题的基础上，河南省积极探索综合运用法律、经济、技术和必要的行政手段解决环境问题的新思路，构建了以法律法规为依据、以环境自动监控系统为技术支撑、以地表水质监控预警和水环境生态补偿为重要手段的水污染防治体系，实现了对全省所有河流的全方位、全天候监管。一系列举措的实施，进一步激发了地方政府治理污染的内在动力，提高了企业治理污染的积极性。应继续坚持并完善已有的环境管理体制，理顺工作运行机制，深入开展河流水质目标和考核指标体系研究，同时在制定《重点流域水污染防治"十二五"规划》时，充分考虑河南省水资源极为短缺的现状，科学确定无天然径流河流的水质目标。进一步完善流域内排污权有偿使用制度，优化流域内资源与环境容量配置，以环境经济手段深入推进流域水污染防治工作。

2. 安徽省淮河流域关键问题

氨氮成为最主要超标因子，干流粪大肠菌群超标严重。经过三个"五年计划"，淮河流域水质呈逐步好转趋势。但在 77 个规划控制断面中，2010 年丰、平、枯水期氨氮超标的断面个数分别为 23、17 和 45 个，超标倍数多在 1～2 倍，最大超标倍数达到 24.3 倍以上。在濉河、黑茨河、奎河、涡河、浍河等区域，氨氮成为最主要超标因子。淮河干流 11 个断面中，石头埠、大涧沟、新城口、蚌埠闸下、新铁桥下、沫河口 6 个断面水质粪大肠菌群超标，最大超标倍数达到 16.1。

城镇生活污染排放不断增加，污水处理能力不足。淮河流域城镇生活污染物排放量所占比例在不断加大，已成为主要污染来源，其中城镇生活氨氮排放量占工业与生活排放总量的 75%以上。但城镇污水处理能力并未得到有效提高，污水处理厂配套管网建设滞后，多个城市的生活污水集中处理率不足 60%，大量城镇生活污水未经处理直接排入水体。

历史欠账较多，治理资金匮乏，影响规划的有效实施。流域内工业企业较为密集，不仅以化工、酿酒、造纸、印染等重污染行业为主，而且大多建于六七十年代，在污染治理方面普遍存在因资金缺乏导致治理投入严重不足等问题，污染项目治理进展缓慢，部分项目因资金缺乏而未开工建设。而流域基本属于经济欠发达地区，财政支持能力不足，治理资金投入能力有限，一些项目地方资金筹措确实很困难，需要国家进一步加快、加大支持力度。

流域农村面源污染问题日益突出且尚未得到有效控制。农业面源污染是近年影响淮河流域水质的重要因素之一，流域内农村面源污染主要来自农田化肥和农药的流失、农村生活污水及畜禽养殖废水、生活垃圾三个方面。由于安徽省淮河流域沿岸是粮食主产区，每年都使用大量的化肥、农药，但平均有效利用率仍较低，除被土壤截留或植物利用外，大部分未获利用的化肥、农药及农村牲畜粪尿、农村生活污水及垃圾均因缺乏有效防治办法或处理设施而经雨水冲刷、地表径流或土内渗流进入水体，增加受纳水体污染负荷，甚至影响饮用水源。此外，汇流区沿岸堆放的城镇及农村居民的生活垃圾、粪肥甚至已进入水体中，成为水体污染的重要来源之一。

3. 江苏省淮河流域关键问题

城镇生活污水处理率不高。江苏省淮河流域城镇环境基础设施建设滞后于社会经济发展，污水处理厂及管网配套滞后，生活污水治理水平总体不高。据统计，规划区全年生活污水产生量 7.7 亿吨，总处理率仅为 11%，其中城市污水集中处理率为 45%、县城污水集中处理率为 28%。淮河流域污水厂尾水尚未资源化利用。主要原因是没有促进尾水资源化利用的政策，且中水处理费用高于新鲜水取水费用，企业及地方政府缺乏经济动力。淮河流域主要县市排污系统主要为雨污合流制，汛期或者大暴雨时污水随雨水进入河道，影响水质。

农业面源污染不可忽视。淮河流域农业相对发达，是江苏省粮食主产区，农业开发程度较高，带来了化肥、农药平均投入量较高的问题。据统计，流域平均化肥施用量约为 33.8 kg/亩，是全国平均水平（18.5 kg/亩）的 1.8 倍，农田面源污染对河道产生显著影响。畜禽养殖废弃物处理利用率较低。畜禽养殖废水处理方式主要有灌溉农田、生产沼气、排入鱼塘、直排等，其中以直排为主。水产养殖面积较大，投饵、清塘等严重破坏生态环境。另外乡村生活污染分布广，缺乏治理。乡村生活污染是污染源的重要组成部分，也是水环境治理不可忽视的重要方面。乡村人口占总人口的 50% 以上，生活污水缺乏治理控制措施，基本以还田为主。

工业污染防治工作仍需深入。粗放型经济增长模式尚未实现根本性转变，规划区高污染行业占主导地位，主要为食品制造业、金属制造业、造纸业、化工、纺织印染等重污染企业，重污染企业污染物排放仍占总排放量的 70%～80%，给规划区水环境造成压力。工业企业布局分散，污水集中处理率低。据统计，全流域工业企业入园率仅为 35%，大量企业分散布局，给环境管理和污染治理带来困难。工业企业废水集中处理率低，污水集中处理率仅为 28%。

饮用水源仍然存在风险。江苏省地处淮河下游，且水源地以河流型为主，易受上游和沿河两岸污染，抗风险能力较低。部分饮用水源保护区整治不到位，饮用水源保护区内存在与供水设施无关的建筑物，部分水厂一、二级保护区内有居民、农家乐、码头、仓库、企业、种植、养殖户等与供水无关的构筑物，河道内有围网养鱼、捕鱼等活动。饮用水源水质不能稳定达标，2010 年淮河流域集中式饮用水源地水质达标率为 91.9%，主要超标因子为氨氮、溶解氧、铁离子、锰离子和四氯化碳。两条清水走廊水质尚不能稳定达标，河道使用功能和水质保护存在矛盾。尾水出路未得到有效解决，清水通道水质存在隐患。

4. 山东省淮河流域关键问题

流域水资源短缺，水环境容量不足。山东省淮河流域的多年平均汇水量（非汛期大多数河道径流多为排入的工业废水和生活污水）大致等于东线一期工程的调水量，特别是南四湖独特的地形特征决定了 3 万多平方公里流域面积内的所有水污染源全部通过 53 条河道排入南四湖。即使流域内的所有污染源都执行本省最为严格的地方排放标准（$COD_{Cr} \leqslant 50$ mg/L、$NH_3\text{-}N \leqslant 5.0$ mg/L），其水质距离国家要求的地表水Ⅲ类标准（$COD_{Cr} \leqslant 20$ mg/L、$NH_3\text{-}N \leqslant 1.0$ mg/L）仍然有很大差距。因此需要进一步加强流域内水资源循环利用，最大限度地减少外排废水量。

流域产业结构不尽合理。省辖淮河流域依然以第二产业为主体，第一产业比重大幅下降，第二产业比重经过一定时期的快速膨胀后已经进入稳步调整期，第三产业比重经过一定阶段调整后已经开始稳步提升，产业结构格局正逐步完成向"二三一"的转变。山东省淮河流域目前与全省 9.6∶57.0∶33.4 的产业结构平均水平相比仍有较大差距。从工业行业污染物排放来看，石化、有色、冶金、电力、造纸等属于"高消耗、高污染"行业；食品、农副产品加工、印刷、纺织、医药等行业资源消耗及污染属中等或较低水平；电子及通信设备制造业、服装、金属制品等对资源的依赖程度较低、环境污染也较小。但目前，淮河流域仍以煤炭、化工和纺织行业为支柱产业。其中，煤炭、化工、纺织、食品加工和造纸行业产值比重较大，这无疑加剧了对水环境质量的威胁。

现有污水处理能力不能满足需求。污水处理能力不足，污水管网不健全，污水处理配套设施亟待建设，人工湿地、截污导流等工程尚未建成，污染物未得到充分的降解，所排废水水质直接反映到断面上。工业治污水平尚未达到新的当地污染物排放标准要求。作为输水干线，尚未建立起完善的"治用保"体系，缺少中水截蓄导用项目。梁济运河作为京杭运河的通航河道，船舶废水、垃圾及废油等污染较为突出，对水质产生一定影响。

流域农村面源污染问题日益突出且尚未得到有效控制。农业面源污染是近年影响淮河流域水质的重要因素之一，未获利用的化肥、农药及农村牲畜粪尿、农村生活污水及垃圾，均因缺乏有效防治办法或处理设施而经雨水冲刷、地表径流或土内渗流进入水体，增加受纳水体污染负荷，甚至影响饮用水源。

流域部分入湖河流水质需进一步改善。南四湖流域的入湖河流洙赵新河、泗河、洸府河、泉河、洙水河、老运河（济宁段）、老运河（微山段）、梁济运河（梁山段）、梁济运河（济宁段）等 9 条河流仍不能满足地表水 III 类水质标准要求，超标因子主要为高锰酸盐指数和氨氮。南四湖湖区 5 个测点，总体已达到地表水 III 类标准，但总氮、总磷指标在湖区部分地区仍不稳定。沂沭河流域的河流水质虽已达标，但水环境风险事故防范需进一步加强。

流域水环境保护长效机制亟待加强。山东省在省辖淮河流域颁布了《山东省南水北调工程沿线区域水污染防治条例》《山东省南水北调沿线水污染物综合排放标准》等法规标准，批复实施了《南水北调东线工程山东段控制单元治污方案》，把流域水环境保护任务层层分解到了县（市、区）和重点企业，并切实加强组织领导，强化考核监督，进一步调动了各级水环境保护的积极性。按照国家要求，南水北调东线一期工程 2013 年通水，省辖淮河流域各河流水质通水前要达标，通水后要保持长期稳定达标，需要进一步建立流域水环境保护的长效机制。

第5章 淮河流域水环境治理思路与策略

基于对淮河流域水环境问题的诊断、流域社会经济发展过程的分析、流域水污染特征及其成因的解读、流域水环境压力的前瞻，统筹考虑国家和区域经济发展阶段的目标要求，将流域作为相对完整的资源管理单元和人类活动的集中区域，综合考虑河流水环境问题涉及土地利用、上下游相互关系、多种水体类型、多种污染类型控制等多个方面，确定流域水环境治理的总体目标，分阶段明确水污染控制与治理的重点路径，制定流域水体污染控制的重点任务和空间实施布局，从而形成淮河流域水体污染控制与治理的策略，以期有效支撑科学合理的流域规划的制定，为流域相关的规划和管理决策部门提供战略指导和方法支持，为国家河流治理战略的形成奠定基础。

5.1 战 略 目 标

针对淮河流域污染负荷与环境容量之间存在巨大差距、水资源时空分布严重不均、污染负荷分布不均、城镇化快速推进带来巨大水环境压力、农业源污染日趋严重、结构性污染仍然存在、闸坝密布等特征性问题，从流域未来社会经济发展的总体需求出发，综合分析淮河流域水污染成因及流域经济演变驱动机制，确定淮河流域水体污染控制与治理的战略目标，全面修复和保障淮河流域河流生态功能，为流域的可持续发展提供支撑。

近期（至2010年）：流域区域水环境质量全面改善，支撑淮河流域控源减排和水生态修复，流域水环境质量稳步提升。

中期（2010～2015 年）：进一步加强流域的控源减排，开展水体减负修复，促进流域水环境质量显著改善和生态健康恢复，实现流域重点断面水质稳定达标和劣Ⅴ类水质消除。

远期（2015～2020 年）：形成流域生态建设综合示范，全面持续提升淮河水环境质量，构建流域经济社会发展与水环境协调的河流水生态系统。

5.2 基 本 思 路

5.2.1 基本原则

基于确定的流域水污染控制与治理战略目标，综合考虑环境容量、水质和污染负荷等主导因素，围绕流域河流治理需求，结合当前淮河流域水污染治理工作正在进行的"四个转变"——解决黑臭问题向恢复水体功能转变、单一目标控制向全目标控制转变、一刀切式管理向针对性管理转变、控源向水体综合治理转变，统筹考虑，确定淮河流域水体污染控制与治理的基本原则。

1. 重点突出，全面推进

流域治理以区域治理为依托，区域治理与流域治理相结合。识别优先控制区域，重点改善集中式饮用水水源地、南水北调东线、跨界断面水质和重点城市水环境质量。在此基础上，全面分析流域水污染共性问题，提出普适性措施，制定重点任务，大力推进全流域水环境治理。

2. 防治结合，分类指导

要坚持源头和全过程预防，从单纯改善水环境质量向水质改善与水资源保护、水生态保护综合管理转变。既要在全流域推进污染源头治理，切实控污减排，减轻对水环境的压力；又要积极实施预防手段，彻底消除环境安全重大隐患，防止造成生态环境破坏或危害群众健康的环境污染群体性事件。

3. 综合手段，统筹治理

全面提高工业污染防治水平，提高重点行业污染排放要求，根据实际需求建立严格的淘汰落后和准入条件；在继续增加污水处理厂规模的同时，完善雨污分流管网、升级改造、污泥处置等相关设施建设，大幅提高污水处理能力和效率；实施试点示范工程，将非点源污染预防和治理引入到生态安全保护工作中；强化环境监管能力建设，加快法律法规配套完善，充分利用市场机制，研究适合流域的环境经济政策，通过多种综合手段和制度联动实现规划目标。

4. 各方协作，合力治污

积极整合各方资源，形成合力编制规划。充分发挥多部门综合优势，汲取各部门的规划思路和相关成果，夯实规划编制基础；充分与国家、地方相关规划衔接，合理部署规划任务；依托地方，编制省级、市级水污染防治规划及优先控制区域治理方案，分解任务，明确责任，提高规划的可操作性；充分吸纳优秀科研成果，利用水专项等相关项目的成果经验和先进技术方法，科学合理确定规划目标和确定防治措施。

5.2.2 实施方略

具体实施思路概括为："分步治理—重点突破—逐级恢复"。

1. 分步治理

"十二五"重点解决工业与生活源污染问题，大力推进产业结构调整与工业废水治理设施及城市生活污水处理设施建设。"十三五"在继续提升城市生活污水处理水平的同时，全面进行面源污染控制，大幅降低种植业与养殖业负荷。

2. 重点突破

流域范围较大，需进行重点水系、流域、地区的提取，针对重污染、水源地、省界等重点区域进行重点整治。近期着力改善沙颍河、涡河等北侧重污染支流及南水北调东线相关水系的水质状况；中远期根据水功能区要求继续加强水质改善区域的综合整治工作。

3. 逐级恢复

结合流域水功能区划分确立的 2030 年水质目标，分阶段逐级恢复。近期内多数区域以目标总量控制为主，部分区域实施容量总量控制，中远期逐步过渡到以容量总量控制为主体，全流域水质逐步提升，并结合河流生态修复、流域综合管理两大重点任务的实施，最终实现流域生态环境的良性循环。

5.2.3　阶段划分

结合淮河流域水污染关键问题和国家"水专项"总体进程安排，淮河流域水体污染控制与治理工作可划分为三个阶段，针对三个阶段分别设立重点任务、重点技术及控制目标。

1. 第一阶段（～2010 年）

与"十一五"同期，重点任务为控源减排和重点改善，主要针对工业源、生活源开展产业结构调整、废水治理设施建设工作，并开始农业源污染的治理工作，在全流域范围内消灭"黑臭"现象；重点研发造纸、化工、食品行业水污染控制关键技术、禽畜养殖污染控制技术、农田与农村面源污染控制技术、生态补偿实施关键技术等。

2. 第二阶段（2010～2015 年）

与"十二五"同期，重点任务为深化减负和全面达标，在继续生活源治理水平提升与全面开展农业源减排工作的同时，逐步加强水体综合治理工作，促进流域水质的全面改善，开始部分区域水体生态功能的修复；重点研发水质水量调控技术、水生植物多样性恢复技术、河流水生生物恢复技术等，开展流域污染控制技术规模化应用示范。

3. 第三阶段（2015～2020 年）

与"十三五"同期，重点任务为生态修复及协调发展，通过分区水体综合整治工作，全面修复流域水体生态功能；同期重点研发风险污染源控制与管理关键技术、河流生态系统恢复技术等。

5.3 水质目标

根据淮河流域水体污染控制与治理的实施方略，针对不同阶段实施方略和重点任务，确立各阶段水质目标，分别提出 2015 年、2020 年、2030 年三个目标年份的水质目标。目标确立的具体思路是根据水功能区类型及不同区域水环境质量的重要程度，近期以重点饮用水水源地、南水北调东线、重点支流、跨界断面为重点治理区域，中远期以饮用水水源地、重点支流为重点治理水域。根据统筹兼顾、突出重点的原则，综合分析全流域的污染现状，重点改善流域内水污染严重，对生产、生活及生态环境影响大的水域水质，根据水质的优先级别，分别确定不同阶段的水质达标要求。

水环境质量改善的优先级别见表 5-1。

表 5-1　水环境质量改善优先级别

类别		水质目标	重要程度
调水水源保护区		II 或 III	★★★★★
饮用水水源地		II 或 III	★★★★★
省界	省界	III	★★★★
	市界	III	★★★
城市河段		消灭劣 V 类或黑臭，且不低于现状	★★
其他		水环境功能区目标	★

根据《全国重要江河湖泊水功能区划（2011—2030）》，淮河流域划分为 394 个水功能区（含 3 个涉鄂水功能区），《全国重点流域规划（2011—2015）》将淮河流域划分为 57 个控制单元，分别选择控制断面并对照相应水功能区提出"十二五"的水质目标。在此基础上，以控制单元为基本单位，将其控制断面水质与相应水功能区目标对照，基于上述水质目标确立原则，确定到 2010 年、2015 年、2020 年的分阶段达标情况（图 5-1）。具体控制断面水质目标如表 5-2 所示。

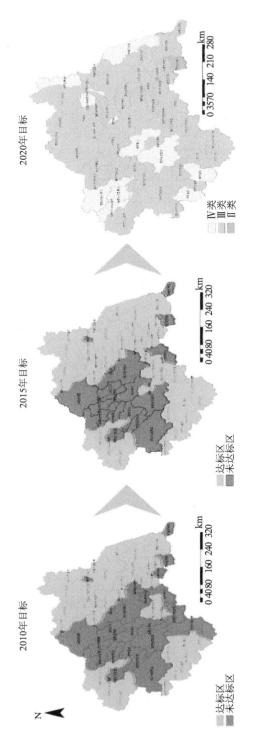

图5-1　淮河流域水质达标目标设定

表 5-2 淮河流域控制断面水质目标

水体	控制断面	2010 年	2015 年	2020 年	2030 年
淮河南阳段	长台关甘岸桥	Ⅲ	Ⅲ	Ⅲ	Ⅲ
浉河	信阳琵琶山桥	Ⅲ	Ⅲ	Ⅲ	Ⅲ
竹竿河	罗山竹竿铺	Ⅲ	Ⅲ	Ⅲ	Ⅲ
潢河	潢川水文站	Ⅲ	Ⅲ	Ⅲ	Ⅲ
史河信阳段	固始蒋集水文站	Ⅲ	Ⅲ	Ⅲ	Ⅲ
淮河信阳段	淮滨水文站（淮滨谷堆）	Ⅲ	Ⅲ	Ⅲ	Ⅲ
洪河	新蔡班台	Ⅳ	Ⅳ	Ⅲ	Ⅲ
沙河	西华程湾（马门闸上）	Ⅲ	Ⅲ	Ⅲ	Ⅲ
颖河郑州许昌漯河段	西华址坊（逍遥闸）	劣Ⅴ	Ⅴ	Ⅴ	Ⅳ
清潩河	鄢陵陶城闸	劣Ⅴ	Ⅴ	Ⅴ	Ⅳ
泉河	许庄（老沈丘泉河桥）	劣Ⅴ	Ⅳ	Ⅳ	Ⅲ
贾鲁河	西华大王庄	劣Ⅴ	Ⅳ	Ⅳ	Ⅳ
颖河周口段	界首七渡口（界首）	Ⅴ	Ⅳ	Ⅲ	Ⅲ
惠济河	刘寨村后（东孙营闸上）	劣Ⅴ	Ⅳ	Ⅳ	Ⅲ
涡河开封周口段	亳州（鹿邑付桥闸上）	Ⅴ	Ⅳ	Ⅳ	Ⅲ
大沙河	包公庙（宋河镇宋河桥）	Ⅳ	Ⅳ	Ⅲ	Ⅲ
浍河	黄口（侯岭乡李口桥）	Ⅳ	Ⅳ	Ⅲ	Ⅲ
包河	马桥（耿庄闸上）	劣Ⅴ	Ⅴ	Ⅴ	Ⅲ
沱河商丘段	小王桥（铁佛洪河头桥）	Ⅴ	Ⅳ	Ⅲ	Ⅲ
史河六安段	陈淋子（叶集孙家沟下）	Ⅲ	Ⅲ	Ⅲ	Ⅲ
沣河	工农兵大桥	Ⅳ	Ⅳ	Ⅲ	Ⅲ
淠河	大店岗	Ⅳ	Ⅳ	Ⅲ	Ⅲ
东淝河	五里闸	Ⅳ	Ⅳ	Ⅲ	Ⅲ
颖河阜阳段	杨湖（颖上）	Ⅴ	Ⅴ	Ⅳ	Ⅳ
西淝河	西淝河闸下	Ⅳ	Ⅳ	Ⅲ	Ⅲ
淮河淮南段	新城口	Ⅲ	Ⅲ	Ⅲ	Ⅲ
涡河亳州段	龙亢	劣Ⅴ	Ⅴ	Ⅴ	Ⅳ
淮河蚌埠段	沫河口	Ⅲ	Ⅲ	Ⅲ	Ⅲ
池河	池河公路桥	Ⅳ	Ⅳ	Ⅲ	Ⅲ
淮河滁州段	小柳巷	Ⅲ	Ⅲ	Ⅲ	Ⅲ

续表

水体	控制断面	2010 年	2015 年	2020 年	2030 年
新汴河	团结闸	IV	IV	III	III
新濉河	泗洪大屈	劣 V	IV	IV	III
浍河	固镇	IV	IV	III	III
怀洪新河	五河（张咀渡口）	IV	IV	III	III
白塔河	天长化工厂	IV	IV	III	III
洙水河	105 公路桥	V	III	III	III
洙赵新河	喻屯	V	III	III	III
老万福河	高河桥	V	IV	III	III
南四湖	南阳	V	III	III	III
东鱼河	西姚	V	IV	III	III
西支河	入湖口北外环桥	V	IV	III	
大汶河	王台大桥	III	III	III	III
东平湖	湖北	III	III	III	III
东平湖	湖南	III	III	III	III
梁济运河	邓楼	劣 V	III	III	III
泉河	牛庄闸	IV	III	III	III
梁济运河	李集	V	III	III	III
洸府河	东石佛	劣 V	III	III	III
老运河	西石佛	劣 V	III	III	III
泗河	尹沟	IV	III	III	III
白马河	马楼	V	IV	IV	IV
南四湖	前白口	V	III	III	III
城郭河	群乐桥	IV	III	III	III
老运河微山	老运河微山段	劣 V	III	III	III
南四湖	大捐	V	III	III	III
薛城小沙河	彭口闸	IV	III	III	III
峰城沙河	贾庄闸上泥沟闸	IV	III	III	III
韩庄运河	台儿庄大桥（福运码头）	III	III	III	III
邳苍分洪道东偏泓	东偏泓（邳州古宅北桥）	III	III	III	III
邳苍分洪道西偏泓	艾山西大桥（邳州呦山北桥）	IV	IV	III	III

续表

水体	控制断面	2010 年	2015 年	2020 年	2030 年
沙沟河	沙沟桥（邳州小红圈）	IV	IV	III	III
武河	310 公路桥（邳州小红圈土楼桥）	IV	IV	III	III
沂河	港上桥（沂河省界）	III	III	III	III
白马河	捷庄（新沂郯楼桥）	IV	IV	III	III
沭河	李庄（新沂李庄桥）	IV	IV	III	III
新沭河	大兴桥	IV	IV	III	III
复新河	沙庄桥（复新闸上）	III	III	III	III
沿河	李集桥	III	III	III	III
不牢河	蔺家坝	III	III	III	III
房亭河	单集闸	IV	III	III	III
京杭运河邳州段	张楼	III	III	III	III
徐沙河	沙集西闸	IV	III	III	III
京杭运河宿迁段	马陵翻水站（宿迁下）	IV	III	III	III
京杭运河淮安段	五汊河口	III	III	III	III
新通扬运河	泰西	III	III	III	II
新通扬运河	江都西闸	III	III	III	III
北澄子河	三垛西大桥	III	III	III	III
奎河	黄桥闸下 300 米	劣 V	V	V	IV
老濉河	濉河闸	劣 V	IV	IV	III
淮河盱眙段	老子山	III	III	III	III
老汴河	临淮乡	III	III	III	III
洪泽湖	老山乡	劣 V	III	III	III
入江水道	塔集金湖	III	III	III	III
新洋港	新洋港闸	IV	IV	III	III
如泰运河	东安新闸桥西	IV	IV	III	III
蔷薇河	临洪闸	III	III	III	III
通榆河北段	沭南闸	III	III	III	III
通榆河中段	城北大桥	III	III	III	III
通榆河南段	草堰大桥	IV	III	III	III

5.4　总　量　目　标

根据分阶段的水质目标要求，对应于不同功能区不同阶段的要求，采用不同情景分析，得出相应的分阶段总量目标要求。根据流域水体污染控制与治理的分阶段实施方略，污染负荷削减为第一到第二阶段，即"十二五"与"十三五"期间的重点任务，故确定了 2015 年和 2020 年两个年份的流域污染物排放量总量目标。采用如下计算方法。

以规划目标年全流域水污染物排放总量最小为目标函数：

$$\min \sum_i \sum_j WM_{ij} = \sum_i \sum_j W0_{ij} + \sum_i \sum_j WN_{ij} - \sum_i \sum_j WX_{ij}$$

式中，WM_{ij} 为第 i 个地市中第 j 水资源区的规划目标年污染物排放量；$W0_{ij}$ 为第 i 个地市中第 j 水资源区的基准年污染物排放量；WN_{ij} 为第 i 个地市中第 j 水资源区的目标年新增污染物产生量；WX_{ij} 为第 i 个地市中第 j 水资源区的目标年新增污染物削减量。

约束条件包括：

（1）工业源污染物排放量平衡——分阶段分功能区，基于常规经济发展常规增长和零增长两种情景，得出相应的规划年的工业污染排放新增量。削减包括通过产业调控自然产生的污染排放削减和通过相关工业治理工程产生的污染排放削减。

（2）生活源污染物排放量平衡——在分阶段分功能区分别采用维持现有治理水平和达到国家要求的治理水平两种情景下的预测分析，可以分别得到相应的规划年的城镇生活污染排放总量。

（3）农业源污染物排放量平衡——各种减排方案的分析，得出农业源削减总量。

（4）分阶段满足水功能区水质要求——根据水质目标设定的分阶段达标要求，分区分阶段纳入环境容量约束。

最后确立的总量目标详见表 5-3 至表 5-6。

表 5-3 淮河流域工业生活源排放总量控制目标

编号	地市	COD 排放量（t）			氨氮排放量（t）		
		2010 年	2015 年	2020 年	2010 年	2015 年	2020 年
1	郑州市	49054	39979	33063	9601	7748	6361
2	开封市	38291	32509	28218	5386	4596	3943
3	洛阳市	2165	2052	1843	441	403	347
4	平顶山市	37180	35236	29915	5902	5400	4687
5	许昌市	20654	18854	16158	2741	2287	1926
6	漯河市	7023	6294	5432	1101	946	813
7	南阳市	1152	1092	958	166	152	133
8	商丘市	47595	39218	32904	5602	4577	3886
9	信阳市	34630	32814	30747	4569	4178	3852
10	周口市	63816	56571	45653	8168	6927	5874
11	驻马店市	44490	41969	36891	5609	5095	4371
12	合肥市	1574	1447	1293	177	158	134
13	蚌埠市	13913	12939	12098	2577	2402	2232
14	淮南市	27309	25754	23951	4299	3902	3582
15	淮北市	16845	14730	12639	1831	1538	1305
16	滁州市	36036	33100	30750	3377	3057	2819
17	阜阳市	37649	34236	28211	6664	5966	5113
18	宿州市	31090	25339	20980	3951	3247	2653
19	六安市	37590	32703	28746	5015	4458	3972
20	亳州市	27121	23189	19200	4056	3302	2671
21	徐州市	81884	68087	57057	8889	7453	6328
22	南通市	36788	30460	25526	4662	3890	3353
23	连云港市	53241	47239	41996	6828	6222	5401
24	淮安市	62143	55500	51004	8353	7602	6827
25	盐城市	106541	89388	80002	12933	11801	10243
26	扬州市	64752	54111	47401	6591	5504	4645
27	泰州市	22430	18617	16085	2253	1845	1581
28	宿迁市	53796	47920	41690	6810	5861	4976
29	淄博市	2974	2559	2224	524	457	400

续表

编号	地市	COD 排放量（t）			氨氮排放量（t）		
		2010 年	2015 年	2020 年	2010 年	2015 年	2020 年
30	枣庄市	27523	24293	20600	4109	3540	3072
31	济宁市	46324	40133	34394	7203	6013	5045
32	泰安市	8502	6819	5585	1507	1247	1058
33	日照市	7405	6373	5659	1152	1006	881
34	临沂市	62470	55066	48953	11231	9916	8716
35	菏泽市	62128	54114	45348	8603	7172	6089
淮河流域		1274077	1110703	963173	172881	149867	129290

表 5-4　淮河流域农业源排放总量控制目标

编号	地市	COD 排放量（t）			氨氮排放量（t）		
		2010 年	2015 年	2020 年	2010 年	2015 年	2020 年
1	郑州市	24000	19560	15804	1929	1570	1262
2	开封市	43601	36581	30289	3480	2878	2345
3	洛阳市	39888	37802	33946	3222	2671	2180
4	平顶山市	54556	47355	40204	4561	3927	3287
5	许昌市	46726	40418	34638	3646	3194	2723
6	漯河市	29773	25605	21585	1839	1574	1319
7	南阳市	70771	64189	56294	6100	4922	3894
8	商丘市	66995	57415	48745	6169	5260	4442
9	信阳市	65758	62309	58384	5624	5044	4399
10	周口市	72172	59687	48167	6235	5106	4095
11	驻马店市	97440	87793	77170	7841	7002	6087
12	合肥市	17869	16427	14685	1606	1312	1056
13	蚌埠市	25902	24089	22523	2482	2301	2115
14	淮南市	7138	6146	5267	1025	930	834
15	淮北市	5797	4974	4233	589	503	426
16	滁州市	30958	26716	22682	3041	2612	2205
17	阜阳市	52162	43138	34683	3925	3225	2574
18	宿州市	39778	32220	25035	2986	2401	1850

续表

编号	地市	COD 排放量（t）			氨氮排放量（t）		
		2010 年	2015 年	2020 年	2010 年	2015 年	2020 年
19	六安市	42195	35317	28890	2593	2158	1753
20	亳州市	26563	21702	17470	2197	1777	1390
21	徐州市	57218	47577	39013	4968	4106	3326
22	南通市	32302	27327	22709	2281	1919	1585
23	连云港市	26302	23338	20397	2345	2073	1806
24	淮安市	34428	30748	27273	1915	1721	1532
25	盐城市	68109	57689	47997	5144	4333	3583
26	扬州市	20426	16382	13040	1351	1075	849
27	泰州市	22609	18765	15369	1463	1207	979
28	宿迁市	31038	27647	24053	2817	2500	2165
29	淄博市	15250	13124	11181	1091	927	767
30	枣庄市	17391	14400	11765	1279	1049	848
31	济宁市	73478	62383	52215	4778	4035	3357
32	泰安市	16969	13609	11146	1169	939	742
33	日照市	19594	16862	14417	1052	886	733
34	临沂市	66648	58749	51699	4329	3749	3198
35	菏泽市	55516	48355	40522	4488	3828	3166
	淮河流域	1417320	1226396	1043490	111558	94715	78872

表 5-5　淮河流域各省分阶段 COD 总量目标

	COD（万 t）					
	2010 年		2015 年		2020 年	
	工业生活源	农业源	工业生活源	农业源	工业生活源	农业源
河南省淮河流域	34.61	61.17	30.66	53.87	26.18	46.52
安徽省淮河流域	22.91	24.84	20.34	21.07	17.79	17.55
江苏省淮河流域	48.16	29.24	41.13	24.95	36.08	20.99
山东省淮河流域	21.73	26.48	18.94	22.75	16.28	19.29
淮河流域	127.41	141.73	111.07	122.64	96.32	104.35

表 5-6　淮河流域分省分阶段氨氮总量目标

	氨氮（万 t）					
	2010 年		2015 年		2020 年	
	工业生活源	农业源	工业生活源	农业源	工业生活源	农业源
河南省淮河流域	4.93	5.06	4.23	4.31	3.62	3.60
安徽省淮河流域	3.19	2.04	2.80	1.72	2.45	1.42
江苏省淮河流域	5.73	2.23	5.02	1.89	4.34	1.58
山东省淮河流域	3.43	1.82	2.94	1.54	2.53	1.28
淮河流域	17.29	11.16	14.99	9.47	12.93	7.89

5.5　重点区域

淮河流域行政组成复杂，跨四省 35 个地级市，国家重点流域规划中综合考虑流域水系构成与行政单元，将其划分为 57 个控制单元，并根据控制单元确立相应目标。考虑到流域水环境管理现状及未来发展趋势，本方案针对水系和水功能区划分提出水质目标，相应的总量目标则以地市为单元提出。与之相对应，结合水系要求，识别重点治理分区、城市及河段，作为流域水体污染控制与治理的优先治理单元，从而明确流域治理的空间实施布局，推动淮河流域水体污染控制与治理工作的全面开展。

5.5.1　重点治理水体

基于流域水质时空特征分析以及流域治理目标，选择重污染支流和水源地及调水区作为重点治理水体。针对重污染支流，"十二五"期间着重进行水质改善和水体综合整治，"十三五"期间促进水质达标并着手进行水体生态功能修复；针对重点水源地和调水保护区水体，"十二五"期间确保水质达标，保障水质安全，并开始进行水体生态功能修复，中远期保障水质安全及生态系统完整性修复。需重点治理的重污染支流包括：清潩河、贾鲁河、惠济河、黑河、泉河、奎河等；重点水源地和调水保护区包括：洪泽湖、南四湖、白马湖、宝应湖、骆马湖、梁济运河、不牢河、房亭河、京杭运河、韩庄运河、徐洪河、入江水道、苏北灌溉总渠、通榆河、新通扬运河、沭新河等。

5.5.2 重点分区识别

基于流域水体污染控制与治理关键问题的诊断结果，紧密结合国家"十二五"淮河流域河流治理目标，兼顾"十三五"以后流域水质改善及生态系统恢复乃至管理长远规划，对淮河流域水资源区分别进行分析，筛选重点控制子流域和重点控制区域，诊断河流治理的重点任务，是开展河流水污染治理与水生态修复和管理工作的基础。考虑到流域复杂的自然地理环境，本部分工作根据流域三级水资源区进行。流域三级水资源区划分见图 5-2，所含行政区见表 5-7。

表 5-7　淮河流域 13 个三级水资源区行政构成

三级水资源区	所含行政区（地市）
王家坝以上北岸	阜阳、漯河、南阳、平顶山、信阳、周口、驻马店
王家坝以上南岸	阜阳、南阳、信阳、驻马店
王蚌区间北岸	蚌埠、亳州、阜阳、淮南、开封、六安、洛阳、漯河、南阳、平顶山、商丘、信阳、许昌、郑州、周口、驻马店
王蚌区间南岸	蚌埠、滁州、阜阳、合肥、淮南、六安、信阳
蚌洪区间北岸	蚌埠、亳州、滁州、淮安、淮北、商丘、宿迁、宿州、徐州
蚌洪区间南岸	蚌埠、滁州、合肥、淮安
高天区	滁州、淮安、扬州
里下河区	淮安、南通、泰州、盐城、扬州
湖西区	菏泽、济宁、开封、商丘、宿州、徐州、枣庄
湖东区	济宁、临沂、泰安、枣庄
沂沭河区	淮安、连云港、临沂、日照、泰安、宿迁、徐州、盐城、枣庄、淄博
中运河区	济宁、临沂、宿迁、宿州、徐州、枣庄
日赣区	连云港、临沂、日照

图 5-2　淮河流域三级水资源区划分示意图

针对 13 个水文分区进行分析，考虑水资源量、城市化水平、水质目标、污染物排放量、环境容量等各项指标，其中部分指标比较如图 5-3 至图 5-9 所示。

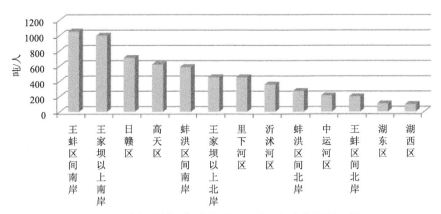

图 5-3　淮河流域三级水资源区人均地标水资源量比较

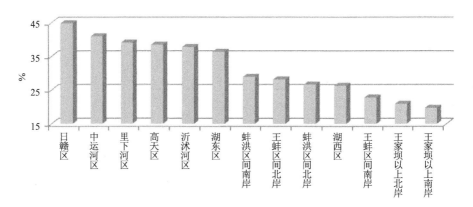

图 5-4　淮河流域三级水资源区城市化率比较（2010 年）

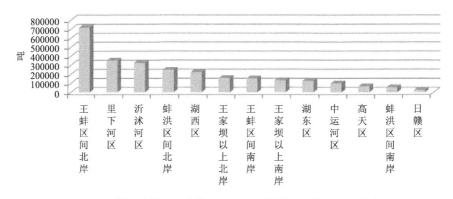

图 5-5　淮河流域三级水资源区 COD 排放量比较（2010 年）

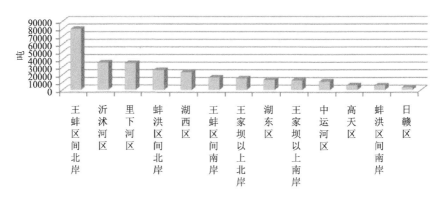

图 5-6　淮河流域三级水资源区氨氮排放量比较（2010 年）

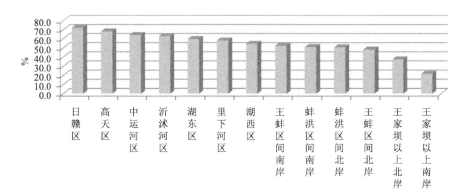

图 5-7　淮河流域三级水资源区生活源氨氮贡献率比较（2010 年）

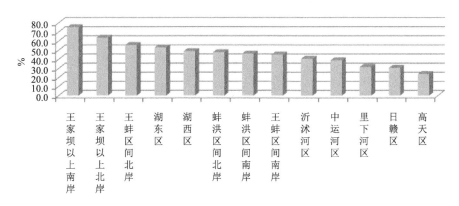

图 5-8　淮河流域三级水资源区畜禽养殖源 COD 贡献率比较（2010 年）

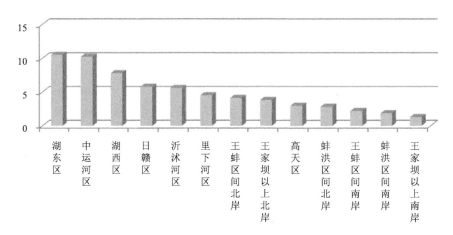

图 5-9　淮河流域三级水资源区环境压力（排放量/纳污能力）比较（2010 年）

采取综合指数法针对各项指标进行综合评定，优先考虑人均水资源量低、环境压力大、水质较差或水质目标要求高的地区，最终确定淮河流域三级水资源区的治理优先次序为：王蚌区间北岸、蚌洪区间北岸、湖西区、湖东区、里下河区、中运河区、王蚌区间南岸、蚌洪区、南岸、高天区、王家坝以上北岸、王家坝以上南岸、沂沭河区、日赣区。

5.5.3 重点城市选择

研究综合考虑水环境承载力、水环境压力、污染削减能力三个方面进行三维分区，选取层次分析法作为指标权重确定方法，层次聚类法作为聚类分析方法，对淮河流域 35 个地市进行流域水体污染控制管理分区，提取流域治理重点城市。以各行政区间进行比较、平等分配、综合考虑流域社会发展情况等作为基本分区原则，考虑水环境承载力、水环境压力、污染削减能力三个维度的指标（如表 5-8 所示），并采用层次分析法确定各指标权重，结果如表 5-9 至表 5-12 所示。

表 5-8　淮河流域水环境管理三维分区指标体系

维度	指标
水环境承载力	单位面积水环境容量（COD、氨氮）
	单位面积水资源量
水环境压力	人口密度
	单位面积 GDP
	单位面积污染物排放量（COD、氨氮）
	单位面积生活污染物排放量（COD、氨氮）
	单位面积工业污染物排放量（COD、氨氮）
	单位面积农业污染物排放量（COD、氨氮）
污染削减能力	单位面积城镇污水处理设施处理能力
	城镇污水处理率
	单位面积工业污水处理设施处理能力
	工业废水达标排放率
	环保投入占 GDP 的比重

表 5-9　三维分区各维度权重确定

	维度	权重
三维分析总结果	水环境承载力	0.3333
	水环境压力	0.3333
	污染削减能力	0.3333

表 5-10　三维分区水环境承载力各指标权重

维度	指标		权重
水环境承载力	单位面积水环境容量	COD	0.18875
		氨氮	0.5625
	单位面积水资源量		0.25

表 5-11　三维分区水环境压力各指标权重

维度	指标		权重
水环境压力	人口密度		0.2
	单位面积 GDP		0.2
	单位面积生活污染物排放量	COD	0.05
		氨氮	0.15
	单位面积工业污染物排放量	COD	0.05
		氨氮	0.15
	单位面积农业污染物排放量	COD	0.05
		氨氮	0.15

表 5-12　三维分区污染削减能力各指标权重

维度	指标	权重
污染削减能力	城镇污水处理率	0.3333
	工业废水达标排放率	0.3333
	环保投入占 GDP 的比重	0.3333

水环境承载力的分区结果如表 5-13 所示。对于整个淮河流域 35 个地市来说，

各地市之间相比较，水环境承载力由东南部向西北部递减。水环境承载力较高的地区主要集中在淮河流域的南部，包括河南的信阳市、漯河市，安徽的六安市、阜阳市、亳州市、淮南市、蚌埠市、滁州市及江苏的淮安市、盐城市、扬州市、泰州市、南通市。这几个地区河网密布，水资源比较丰富，单位面积水资源量大等特征，使得它们的水环境承载力较高。水环境承载力属于中等水平的地区主要集中在淮河流域的东部地区，包括山东的临沂市，江苏的徐州市、连云港市、宿迁市，安徽的淮北市以及河南的平顶山市、郑州市。淮河流域中相对来说水环境承载力低的地区则主要分布在淮河流域的北部地区，包括河南的驻马店市、周口市、许昌市、开封市、商丘市，安徽的宿州市，山东的菏泽市、济宁市、枣庄市。这几个地区河流较少，水资源量小，水环境承载力就相对而言较小。

表 5-13　淮河流域水环境承载力分区结果

方法	低	中	高
类平均法	宿州、日照、许昌、合肥、泰安、周口、驻马店、枣庄、济宁、商丘、亳州、淄博、开封、洛阳、菏泽	平顶山、扬州、淮北、南阳、临沂、宿迁、郑州、蚌埠、徐州、连云港	信阳、阜阳、盐城、滁州、淮安、六安、泰州、漯河、南通、淮南
最远距离法	宿州、日照、许昌、合肥、泰安、商丘、亳州、淄博、开封、洛阳、周口、驻马店、枣庄、济宁、菏泽	平顶山、淮北、南阳、临沂、宿迁、郑州、蚌埠、徐州、淮安、连云港	漯河、南通、信阳、扬州、阜阳、盐城、滁州、六安、泰州、淮南
综合两者分类	宿州、日照、许昌、合肥、泰安、商丘、亳州、淄博、开封、洛阳、周口、驻马店、枣庄、济宁、菏泽	漯河、平顶山、淮北、南阳、临沂、宿迁、郑州、蚌埠、徐州、扬州、淮安、连云港	南通、信阳、阜阳、盐城、滁州、六安、泰州、淮南

流域水环境压力分区结果如表 5-14 所示。就整个淮河流域 35 个地市相比较的结果而言，水环境压力的分布情况和水环境承载力的分布情况在一定程度上具有相反的特性，即水环境压力的分布从东南向西北呈递增的变化情况。水环境压力较低的地区主要集中在淮河流域东南部，包括河南的驻马店市、信阳市，安徽的六安市、亳州市、蚌埠市、滁州市、宿州市以及江苏的淮安市、盐城市、南通市。这几个地市中相对而言人口密度较小，人口压力小，生活污染排放较少，水环境压力低。水环境压力属于中等程度的地区主要位于淮河流域的西北部，包括河南的平顶山市、许昌市、周口市、开封市、商丘市，安徽的淮北市，山东的菏泽市、济宁市、枣庄市、临沂市，江苏的徐州市、连云港市、宿迁市、扬州市和

泰州市。这几个地市相对而言人口较多，压力较大。水环境压力大的地区主要有河南的郑州市、漯河市，安徽的阜阳市、淮南市。这几个地区单位面积 GDP 较大，经济压力大，造成的水环境压力大，其中阜阳市虽然人口压力小，但农业发达，农业污染严重，造成的水环境压力大。

表 5-14　淮河流域水环境压力分区结果

	低	中	高
类平均法	滁州、六安、信阳	驻马店、盐城、临沂、宿州、淮安、亳州、日照、南通、蚌埠、南阳、洛阳、宿迁、许昌、平顶山、菏泽、淄博、商丘、泰安、周口、济宁、淮北、连云港、开封、徐州、扬州	郑州、合肥、枣庄、泰州、淮南、阜阳、漯河
最远距离法	滁州、六安、信阳、驻马店、盐城、临沂、宿州、淮安、亳州、日照、南通、南阳	枣庄、泰州、开封、徐州、扬州、洛阳、宿迁、许昌、平顶山、菏泽、淄博、淮北、连云港、商丘、泰安、周口、济宁	郑州、合肥、淮南、蚌埠、阜阳、漯河
综合两个分类	滁州、六安、信阳、驻马店、盐城、临沂、宿州、淮安、日照、南通、南阳	枣庄、泰州、开封、徐州、扬州、洛阳、宿迁、许昌、平顶山、菏泽、淄博、淮北、连云港、商丘、泰安、周口、亳州、济宁	郑州、合肥、淮南、蚌埠、阜阳、漯河

　　流域污染削减能力分区结果如表 5-15 所示。可以看出，就整个淮河流域 35 个地市相互比较的结果而言，东部、西部、南部的污染削减能力较低，而中部、北部的污染削减能力较高。污染削减能力低的地区主要集中在淮河流域的东部，包括江苏的徐州市、宿迁市、盐城市、泰州市，安徽的六安市，还有河南的周口市。这些地市的污染处理设施处理运行的情况偏差，其中，盐城市、宿迁市的生活污水处理率和工业废水达标排放率都偏低，周口市、泰州市的生活污水处理率偏低，徐州市、六安市的工业废物达标排放率偏低。污染削减能力属于中等的地区主要位于淮河流域的西南部，包括河南的郑州市、平顶山市、商丘市、驻马店市、信阳市，安徽的阜阳市、淮南市，江苏的淮安市。这些地市的生活污水处理率不足，对于生活污染物的处理力度不够。污染削减能力高的地区主要集中在淮河流域的中北部地区，包括河南的漯河市、许昌市、开封市，安徽的亳州市、淮北市、蚌埠市、滁州市、宿州市，山东的菏泽市、济宁市、枣庄市、临沂市，江苏的连云港市、扬州市和南通市。这些地区的污染治理设施处理力度较大，能基本满足要求，但其中连云港市虽然生活污水处理率偏低，可是环保投入较高，可

认为其污染削减的潜力较大。

表5-15 淮河流域污染削减能力分区结果

	低	中	高
类平均法	徐州、泰州、六安、周口、宿迁、盐城	平顶山、淮安、郑州、阜阳、商丘、淮南、信阳、驻马店、许昌、合肥、蚌埠、南阳	洛阳、漯河、淄博、连云港、滁州、临沂、开封、扬州、枣庄、日照、泰安、亳州、菏泽、南通、淮北、济宁、宿州
最远距离法	盐城、宿迁	郑州、阜阳、商丘、淮南、平顶山、淮安、南阳、信阳、驻马店、徐州、许昌、合肥、蚌埠、亳州、泰州、六安、周口	洛阳、漯河、淄博、连云港、泰安、日照、滁州、临沂、开封、扬州、枣庄、菏泽、南通、淮北、济宁、宿州
综合两者分类	徐州、泰州、六安、周口、宿迁、盐城	平顶山、淮安、郑州、阜阳、商丘、淮南、信阳、驻马店、许昌、合肥、蚌埠、亳州、南阳	洛阳、漯河、淄博、连云港、滁州、临沂、开封、扬州、枣庄、日照、泰安、菏泽、南通、淮北、济宁、宿州

5.6 重 点 任 务

5.6.1 社会经济发展调整

加快淮河流域产业结构调整，限制高耗水、高耗能、高污染企业发展。按照相关文件要求，新建制革、化工、印染、电镀、酿造等项目全部进入工业园区，实现集约化发展，同时加快现有工业园区的环境基础设施建设，完善区域环评，推进循环经济和生态工业园区的创建。

优化城镇化发展及人口布局，实施中心城市战略突出核心城市建设，积极推进以中原城市群为主的核心城市的城镇化建设，提高城镇化质量；合理布局人口规模，避免出现人口过度集聚带来的水资源环境压力超过区域承载能力；加快流域产业结构调整，加快转变粗放型经济增长方式，调整经济发展和环境保护的关系；优化水资源开发及利用，强化工业、农业节水，加强水资源一体化调控管理。

5.6.2　污染源防控与治理

提高工业、生活污水处理和农村与农业面源污染控制能力，继续加强工业污染防治，着重提高城镇生活污水处理能力，兼顾农村面源污染防治，通过结构减排、工程减排、管理减排实现污染物排放总量控制目标，具体指标如表 5-17 及表 5-18 所示。

表 5-17　淮河流域 COD 排放总量减排方案（万吨）

	河南省淮河流域	安徽省淮河流域	江苏省淮河流域	山东省淮河流域	流域合计
2010 年现状	95.78	47.76	77.40	48.21	269.15
"十二五"新增	35.60	45.61	37.02	21.67	139.90
结构减排	3.68	1.72	4.05	1.65	11.10
工程减排	34.38	40.00	36.15	20.86	131.39
管理减排	8.79	10.23	8.14	5.69	32.85
"十二五"目标	84.53	41.42	66.08	41.68	233.71
"十三五"新增	20.36	13.87	18.25	9.54	62.02
结构减排	1.52	0.72	1.56	0.52	4.32
工程减排	21.71	12.00	17.46	9.01	60.18
管理减排	8.96	7.24	8.25	6.12	30.57
"十三五"目标	72.70	35.33	57.06	35.57	200.67

表 5-18　淮河流域氨氮排放总量减排方案（万吨）

	河南省淮河流域	安徽省淮河流域	江苏省淮河流域	山东省淮河流域	流域合计
2010 年现状	9.99	5.24	7.96	5.25	28.44
"十二五"新增	4.24	5.70	3.80	2.98	16.72
结构减排	0.39	0.32	0.56	0.24	1.51
工程减排	4.17	4.85	3.40	2.76	15.18
管理减排	1.12	1.25	0.89	0.75	4.01
"十二五"目标	8.55	4.52	6.91	4.48	24.46

续表

	河南省淮河流域	安徽省淮河流域	江苏省淮河流域	山东省淮河流域	流域合计
"十三五"新增	2.02	1.39	1.54	0.79	5.74
结构减排	0.19	0.15	0.24	0.11	0.69
工程减排	1.93	1.11	1.37	0.77	5.18
管理减排	1.22	0.79	0.93	0.58	3.52
"十三五"目标	7.22	3.87	5.92	3.81	20.82

1. 加大工业污染防治力度

对化工、造纸、食品等重污染企业实施强制性清洁生产审核，限期治理不能稳定达标排放的企业。到2015年，创建一批清洁生产先进企业。继续清理整顿规划区内各类化工生产企业，对违法违规设立、不符合安全生产条件、不能稳定达标排放污染物的化工生产企业坚决予以关闭。对严重浪费资源、污染环境、不具备安全生产条件的落后生产工艺、技术装备和产品，坚决予以淘汰。加强集中式污水处理厂建设，提高工业废水集中处理能力。各类开发区须配备完善的环境治理设施，加强管网建设，实施雨污分流，工业废水须经预处理达标后方可接入集中污水处理设施。

2. 着重提高生活污水处理能力

加快城镇污水处理厂建设，进一步扩大城镇生活污水处理厂规模，2020以前实现建制镇生活污水处理设施全覆盖。大力建设截污管网，首先发挥现有污水处理设施效益，其次加大城镇管网覆盖率。积极推进污水厂水资源化利用工程建设工作，污水厂尾水深度处理后用于工业、市政工程、绿化等，逐步开展区域用水总量控制和节水技术推广。生活污水处理厂逐步实施提标改造，2015年前部分污水厂完成除磷脱氮技术改造，达到《城镇污水处理厂污染物排放标准》一级A类标准。鼓励因地制宜地选择先进适用的处置技术路线，充分利用当地改造后的工业生产设施协同处置污泥。通过将污泥用于陶粒和新型建材生产、园林绿化肥料等方式，大力推进污泥的综合利用；对于热值低、毒性大的污泥要通过物理、化学等方式处理后，进入填埋场安全处置。优先解决规模较大的规划保留村庄生活污水治理问题，加强新建集中居住点的污水管网和处理设施建设。根据村庄特点和实际情况，因地制宜选择就近接入城镇生活污水处理厂、就地建设小型设施等相对集中处理和分散处理等不同方式，实现对生活污水的科学有效处理，有条件的村庄应优先接入城镇污水处理厂集中处理。

3. 兼顾农业面源污染防治

大力发展生态农业和循环农业，调整优化种植结构，推广农业清洁生产技术，全面实施测土配方施肥，扩大商品有机肥补贴规模，加强病虫监测预报，推广生物农药和高效低毒低残留农药，开展植保专业化防治，减少化学氮肥、化学农药施用量。加快采用生态田埂、生态沟渠、旱地系统生态隔离带、生态型湿地处理以及农区自然塘池缓冲与截留等技术，利用现有农田沟渠塘生态化工程改造，建立新型的面源氮磷流失生态拦截系统，拦截吸附氮磷污染物，大幅削减面源污染物对水体直接排放。按照畜牧业发展规划，在法律、法规规定的禁养区外科学布局畜禽养殖场。积极推进生态养殖场和养殖小区建设，大力推广节水节能饲养技术。已建养殖场要重点通过建设沼气治理工程、畜禽粪便处理中心、发酵床圈舍改造和畜禽养殖废（尾）水净化处理循环利用等工程有效治理养殖污染。养殖户要修建秸秆、粪便、生活垃圾等固体废弃物发酵池，处理有机废弃物，实现资源循环利用。

4. 技术支撑体系建设与应用

"十二五"期间重点发展重点行业废水深度处理技术、中水回用技术、污泥处置技术、畜禽养殖控制技术；"十三五"期间重点发展有毒有害污染物全程控制技术、农业面源综合治理技术，并大力推进技术的设备化产业化，在流域层面进行技术推广与应用。

5.6.3 流域水体生态功能修复

分区域逐步开展子流域水体生态功能修复和全流域生态功能完整性修复工作，重点保证重点水源地及南四湖、洪泽湖、骆马湖、高邮湖等湖泊的生态安全。"十二五"期间着重研发生态强化、净化技术及水生态系统修复技术，选择典型区域进行工程示范，并在"十三五"期间加强推广，中远期实现全流域生态功能完整性修复。近期逐步缩减围网养殖面积，压缩网围养殖规模，落实生态和环境修复措施，着力恢复水体生态功能，提高水体自净能力。充分利用水利设施，蓄泄并重，使水位趋于稳定，为湖区生态环境的修复创造稳定的水环境。加快退耕工程，扩大库容，提高环境承载能力，增强水体抗外界的干扰能力。加强人工调控，修复失调的生态系统，实现生态系统的良性循环。

严格执行保护区的各项保护措施和标准化建设。依法划定禁止开发区域，实行强制性保护，严禁不符合区域功能定位的开发建设活动和人为破坏活动。划定限制开发区域，加强对生态环境脆弱、灾害频发且威胁较大等重要生态功能区的保护。加大资金投入，开展保护区的水生植物恢复、基础设施等工程建设。

5.6.4 流域管理机制创新及应用

水污染防治管理机制建设应综合运用法律、技术、经济等手段。以管制手段为主，以市场手段为辅，清洁生产等手段在流域污染防治中也得到应用。应严格实施国家水污染防治法规标准；建立水污染防治地方法规政策；推广实施总量控制制度；对用水采取严格的取水许可管理；在现有基础上，强化流域生态环境补偿、"四量"协同控污、水质目标考核优化体系、城镇污水处理税费制定及农村水污染防治政策。建立水环境协同管理机制和体系，包括多部门联合决策机制，流域生态补偿机制，流域监测网络和预警应急机制等。

5.6.5 保障饮用水源地水质安全

全面完成县级以上集中式饮用水源地专项整治，排查环境风险，取缔一级保护区内的排污口，限期拆除饮用水源保护区内存在与供水设施无关的建筑物，组织开展农村饮用水源地调查评估试点工作。完善饮用水源地水质自动监测系统。县级以上集中式饮用水源地全部建成水质自动监测站，并实现与省环境监测中心的联网，密切监控水质变化情况，防范污染事故的发生。建立饮用水源风险评估和隐患排查体系，对可能威胁饮用水源安全的风险源进行调查登记，建立档案库。建立健全环境应急预案，确保不发生因饮用水源地水质污染而导致大面积、长时间的停水断水事件。加强市县应急机构建设，加强人员配备和硬件装备，强化应急物资储备，建立专家库。加强集中式水厂深度处理工艺建设。

优先在南水北调东线沿线全面提高城镇污水处理厂建设密度，提高污水处理厂出水浓度标准、工业企业排放标准，加大徐州、济宁等市的污染治理力度，开展截污导流工程，确保南水北调清水廊道污水零排入输水干线。优先安排淮安市治污工程，全面改善清安河水环境现状，解决张福河沿线元明粉企业水污染问题，实施白马湖水污染防治工作。加强对船舶防污染设备和使用情况的监督检查，完善船舶污染物岸上接收和处理处置设施的建设。

5.7 行动路线图

综合以上内容，制成淮河流域水体污染控制与治理行动路线图，如图 5-10 所示。

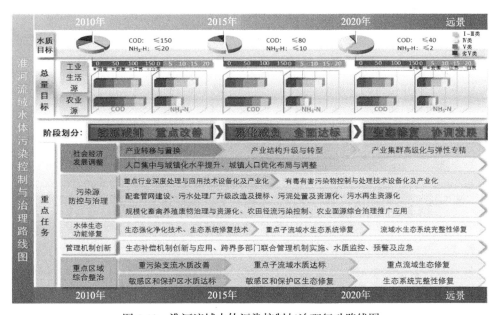

图 5-10 淮河流域水体污染控制与治理行动路线图

第6章 水专项在淮河任务设置及主要成果产出

"九五"以来，经过国家和地方各级政府以及全流域人民的共同努力，淮河水污染治理取得了明显成效，但是远未实现预期目标，流域整体水质与规划目标还有较大的差距。其根本原因是在流域层面上缺乏创新性整体治污思路与治理对策，过去"头痛医头、脚痛医脚"的局部分散、应急性及运动型的治理行动不仅收效甚微，而且造成人力、物力、财力的重复和浪费。因此，必须针对淮河流域水污染基本特征、关键问题和污染成因，提出清晰简洁的流域水环境治理思路和策略，才能根本性解决淮河水环境问题，实现流域水质改善和环境恢复。通过深入研究淮河水污染关键问题及成因认识到，淮河流域水污染治理必须做到"有所为、有所不为"，选择重点、攻克难点，具体治理思路为"抓住关键问题、聚焦重点区域、设立阶段目标、突破关键技术、改善流域水质"，实施从污染源、河道、管理与流域综合调控的"点-线-管-面"综合治理路线。

6.1 水专项淮河项目的课题设置情况

针对淮河"闸坝众多、污染重，基流匮乏、风险高、生态严重退化"等典型特征，项目制定了污染源、河道、管理与流域综合调控的"点-线-管-面"综合施治路线，选择淮河污染最重支流贾鲁河-沙颍河和南水北调东线过水通道-南四湖为重点综合示范区，开展"大科学""大集成""大示范"与联合攻关。根据国家重点流域水污染防治规划与水专项总体阶段布局，淮河项目主要按以下三个阶段设置重点攻关任务。

6.1.1 "十一五"的"控源减排"阶段（2006～2010 年）

"十一五"期间，水专项河流主题设立了"淮河流域水污染治理技术研究与集成示范"项目（2009ZX07210），项目下设 10 个课题（表 6-1），项目中央财政总投入 1.035 亿元，地方配套 2.57 亿。项目重点治理区域是流域中游平原区的重污染子流域（贾鲁河-沙颖河）与南水北调东线过水通道-南四湖，主要治理污染类型是耗氧污染（COD 与氨氮），主要治理对象是重污染行业废水与城镇生活污水。该阶段的重点任务是研发化工、食品加工、造纸、制革等淮河流域典型重污染行业与城镇生活污水污染负荷削减共性关键技术，大幅削减淮河耗氧污染物（COD 与氨氮）入河负荷，治理目标是实现贾鲁河-沙颖河重污染子流域水质显著改善以及南水北调东线过水通道-南四湖稳定达到Ⅲ类水质目标。

表 6-1　"十一五"水专项淮河项目课题基本信息表

课题编号	课题名称	牵头负责单位	启动时间
一	贾鲁河流域废水处理与回用关键技术研究与示范	南京大学	2009 年
二	沙颖河上中游重污染行业污染治理关键技术研究与示范	郑州大学	2009 年
三	沙颖河下游重污染行业污染治理关键技术研究与示范	安徽省环境科学研究院	2009 年
四	沙颖河流域面源污染控制关键技术研究与示范	河南省环境保护科学研究院	2009 年
五	高盐份有机工业废水治理关键技术与设备	江苏南大环保科技有限公司	2011 年
六	淮河-沙颖河水质水量联合调度改善水质关键技术研究与示范	中国科学院地理科学与资源研究所	2009 年
七	南水北调南四湖输水水质保障综合支撑技术与示范	山东省环境保护科学研究设计院	2009 年
八	南四湖流域重点污染源控制及废水减排技术与工程示范	山东大学	2009 年
九	南四湖退化湿地生态修复及水质改善技术与工程示范	华北电力大学	2009 年
十	淮河流域水污染控制与治理决策支撑关键技术研究及综合管理平台构建	南京大学	2009 年

6.1.2 "十二五"的"减负修复"阶段（2011～2015 年）

"十二五"期间，水专项设立"淮河流域水质改善与水生态修复技术研究与综

合示范"项目（2012ZX07204），下设 8 个课题（表 6-2），项目中央财政总投入
1.43 亿元，地方配套 3.28 亿元。项目主要治理污染类型是氮污染（地表水是氨氮，
地下水是"三氮"）与有机毒害污染物治理，主要治理对象是城镇生活污水、农业
面源污染与精细化工行业废水，重点治理区域是流域中游平原区的重污染子流域
（沙颍河）与流域下游滨海区的重污染入海河流（清安河），治理目标是实现沙颍
河入淮河干流断面水质稳定达到水生态功能区划水质目标（Ⅳ类）以及重污染入
海河水质显著改善。该阶段的重点任务是在淮河流域中游平原区沙颍河子流域的
贾鲁河、清潩河、八里河 3 条重污染河流与流域下游滨海区的重污染入海河流-
清安河，共建立 4 个重污染河流水污染治理综合示范区，实现河流水质稳定达标
或显著改善，形成重污染河流治污模式；研发毒害污染物削减与风险控制、水质-
水量-水生态调度、受损河流水生态修复等生态流域建设共性技术，推进典型行业
共性技术产业化，创建淮河流域产业技术创新联盟。

表6-2　"十二五"淮河项目设立课题基本信息

任务类型	课题设置	牵头负责单位	启动时间
综合示范	1. 贾鲁河流域水质改善综合控制研究与示范	南京大学	2012 年
	2. 清潩河流域水环境质量整体提升与功能恢复关键技术集成研究与综合示范	郑州大学	2015 年
	3. 沙颍河中下游农业面源污染控制与水质改善集成技术研究与综合示范	安徽省环境科学研究院	2015 年
	4. 淮河下游入海河流污染综合控制技术集成与示范	中国科学院地理科学与资源研究所	2014 年
共性关键技术	5. 淮河流域地表与地下水氮源补排及防控关键技术研究与示范	南京大学	2012 年
	6. 淮河流域（河南段）水生态修复关键技术研究与示范	南京大学	2012 年
	7. 淮河流域水质-水量-水生态联合调度关键技术研究与示范	武汉大学	2014 年
	8. 淮河流域（蚌埠段-洪泽湖上游）工业和城市污水毒害污染物综合控制技术研究与示范	南京大学	2014 年

6.1.3　"十三五"的"综合调控"阶段（2016～2020年）

"十三五"期间，水专项设立"淮河流域重污染河流深度治理和差异化水质目标管理关键技术集成验证及推广应用"项目（2017ZX07602），下设4个课题（表6-3），项目中央财政总投入0.83亿元，地方配套1.69亿元。项目以"水十条"对淮河流域提出的治理目标为导向，抓住流域水污染治理的关键问题，选择沙颍河为示范流域，实施"点-线-管-面"综合调控治理路线。在"点"上，集成与验证城镇污水高效脱氮除磷与再生回用、污泥资源化、农业伴生典型工业废水污染全过程控制与毒性减排、"种-养-加"农业废弃物循环利用等关键技术，形成系列化、规范化、标准化技术与装备，实现"控源减排"关键技术整装成套与产业化推广应用；在"线"上，集成与验证基流匮乏河流生态强化净化、多闸坝重污染河流水生态修复、轻度黑臭河流生态恢复、闸坝型河流生态完整性评价等关键技术，形成系列化、规范化的多闸坝重污染河流生态治理成套技术及装备，实现"减负修复"关键技术整装成套与规模化推广应用；在"管"上，建立差异化水质目标管理技术体系，建成业务化运行的流域多目标智能管理平台；在"面"上，构建水专项技术成果转化体系与产业化推广平台，推进水专项成果转化和推广。通过"十三五"研究，淮河项目形成流域"点-线-管-面"综合调控治理策略，支撑沙颍河及重污染支流主要水质指标达标，郑州、周口及阜阳城市黑臭河水体基本消除，沙颍河中下游水生态健康初步恢复等治理目标实现，为淮河流域各省市实施"水十条"提供科技支撑，推动流域生态文明建设与"山水林田湖"系统发展。

表6-3　"十三五"淮河项目设立课题基本信息

课题编号	课题名称	牵头负责单位	启动时间
一	沙颍河重点污染源控制关键技术集成验证及推广应用		
二	沙颍河多闸坝重污染河流生态治理与水质改善关键技术集成验证及推广应用	南京大学	2017年
三	沙颍河流域差异化水质目标管理与多目标智能管理平台构建		
四	水专项技术成果产业化推广机制与平台建设		

6.2　水专项淮河项目标志性成果产出与应用推广

6.2.1　攻克重点污染源治理与控制关键技术，实现废水资源"变废为宝"，极大提升流域"控源减排"能力

1. 以"两相双循环厌氧反应器能源化-芬顿流化床深度处理-人工湿地无害化生态净化"为核心的农业伴生行业废水能源化与无害化处理关键技术与装备

造纸、化工、制药、食品酿造等农业伴生行业废水常含有较高浓度硫酸盐，在厌氧条件下，高浓度硫酸盐也会产生较多的硫化氢会对厌氧系统产生毒害与抑制作用，影响厌氧反应器的稳定运行。两级分离内循环厌氧反应器是在第二代厌氧反应器 UASB 基础上发展起来的新一代高效厌氧反应器。我国早期引进了荷兰帕克（PAQUES）公司的 IC 厌氧反应器用于处理造纸、制药、化工、食品发酵等行业高浓度有机废水，由于其结构复杂，在废水处理工程应用上普遍会遇到易堵塞、混合传质效果差、启动慢等问题。本项目通过技术攻关，研制出一种处理高浓度高硫酸盐有机废水的两相双循环厌氧反应器装置及处理方法（ZL201510548676.9），增加了传质效果，及时均匀排除老化、钙化结垢物，解决厌氧反应器布水系统钙化污泥堵塞、颗粒化程度低问题；同时通过旋流布水以及外循环，使两相 pH 得到有效调节，厌氧反应产生的气体能够顺利导出，克服了硫化氢的累积，提高了硫酸盐的浓度达 10000 mg/L 以上。通过技术创新，项目实现了厌氧反应器的国产化，设备投资成本为国外同类产品的一半，打破国外垄断；并具有整体结构更合理、COD 容积负荷率高、基建投资与运行成本低、设备占地面积小、启动快等优点，对高浓度有机工业废水的 COD 去除率可达 70%～95%以上，反应器容积负荷可达 5.0～15.0 kg COD/（$m^3 \cdot d$），沼气产率可达 0.4～0.5 Nm^3/kg COD。两相双循环厌氧反应器已在淮河流域驻马店市白云纸业有限公司等 40 余家企业工程中推广应用，年处理废水总量达 2000 万吨以上，沼气产生量达 2400 万 m^3/a，节约电能 4000 万度。

芬顿氧化法是一种经济、高效且简单的高级氧化深度处理技术，对工业尾水的 COD 去除率虽然高达 50%～70%，但是对废水中毒害污染物不能完全降解，在氧化过程中甚至产生了毒性更大的中间产物，增加工业尾水中的遗传毒性。为解决传统芬顿反应器氧化效率低、污泥产生量大等缺陷，自主研制出新型 Fenton 流化床反应器。该反应器采用倒锥旋流布水和廉价易得带负电载体，与铁离子形成具有催化活性的羟基氧化铁（FeOOH），提升了氧化效率，运行成本下降 50% 以上，污泥量减少 30% 以上。通过两相双循环厌氧反应器与芬顿流化床的联合深度处理，工业废水的 COD、氨氮等水质指标可达到城镇污水排放一级 A 标准。然而，相对河流水质标准而言，工业尾水即使达到城镇污水排放一级 A 标准仍含有较高浓度 COD、氮磷以及微量有毒有害污染物，因此本项目集成人工湿地技术进一步净化，使工业尾水 COD、氨氮、总磷等主要水质提升至地表水Ⅲ～Ⅳ类标准，完全消除排水生物急性毒性效应，突破了工业废水生态安全补给的技术"瓶颈"。技术成果已在淮河流域新密市造纸群污水处理厂等水处理工程中示范应用与推广，废水的 COD、氨氮等常规指标削减率达 85% 以上，水质由劣Ⅴ类净化跃升至Ⅲ～Ⅳ类标准，而且急性毒性基本消除，达到美国 EPA 急性毒性控制标准，实现典型工业废水的高效处理与生态安全补给。

针对制革行业废水的高含悬浮物、高含铬、高含硫、高含氮、富含难降解有机物等水质特征，利用两相双循环厌氧反应器、流化床芬顿反应器等新型装备，重点攻克废水物化深度处理、铬泥资源回用等关键技术，研发以全流程生物强化处理与污泥铬减排回用为核心的制革废水全过程控制及毒性减排集成技术，在河南博奥皮业有限公司和安徽银河皮革有限公司建成总规模为 7000 吨/天的制革废水处理技术工程示范验证，工程出水铬浓度降低至 0.3 mg/L，危废污泥产量削减 50%，富铬污泥资源回用率 70% 以上，吨水处理成本降低 20% 以上；并建成推广应用工程 8 项，累计规模达 5.27 万吨/天。

2. 以"流化态零价铁还原-流化床芬顿氧化"为核心的精细化工废水深度处理与毒性减排耦合技术及装备

零价铁还原与芬顿氧化是降解精细化工废水中毒害难降解有机污染物的常用方法。通过研究发现，零价铁还原不能使苯环开环，难降解有机污染物还原产物仍具有较高毒性；不科学的氧化预处理不仅不能削减硝基苯、苯酚、氯苯等废水中有毒污染物的毒性，还会生成毒性更大的有机物。例如，芬顿氧化用于硝基苯废水的预处理，在氧化过程中却容易形成毒性更大的氧化副产物 1,3-二硝基苯。1,3-二硝基苯的毒性是硝基苯毒性 30 倍左右。针对此问题，自主研发出适用于精细化工废水生物毒性削减的流化态零价铁还原-芬顿氧化耦合技术与装备。该技术通过零价铁还原将毒害污染物转化为毒性较低、易于氧化的芳香有机物；再通过后续芬顿氧化，进一步降低废水的毒性，提高废水的可生化性，避免较大量高毒性氧化副产物形成。例如，硝基苯类废水经本技术预处理后，急性毒性削减 72% 以上，可生化性指标（B/C）从 0.1 以下提高至 0.45 以上，显著提高了废水的可生化性。为解决大比重铁粉难以混合、零价铁过度消耗等工程问题，研制出笼式搅拌器、大高径比（H/D > 2）的流化态零价铁还原反应器，处理成本较传统芬顿氧化下降 50% 以上，污泥量较固定床铁炭还原减少 30%。以"流化态零价铁还原-芬顿氧化"为核心的精细化工废水毒性减排与深度处理耦合成技术及装备已推广应用于 41 个企业，处理废水约 7300 万吨/年，削减有毒有机物类 COD 约 4.6 万吨/年，大幅减少了工业毒害污染物的排放，保障了淮河流域 7 个化工园区逾千亿经济的可持续发展。

3. 以"复合仿酶催化"为核心的制浆造纸废水深度处理与回用关键技术

该技术通过 Fe-CA 仿酶预处理降低废水中难以生物降解的木质素系物质及生物毒性，提高废水的可生化性，提高生化处理系统对制浆造纸废水的 COD 去除率；通过磁化预处理和新型高效复合絮凝剂，改变废水中溶解态和胶体态有机污染物与水分子的结合状态，活化造纸生化尾水中残余有机污染物极性基团，改变废水表面张力、生化特性等性质，提高物化深度处理中絮凝剂与有机污染物反应的速度和反应程度，从而提高 COD 和色度的去除效果；采用固定化生物活性炭吸附废水中残余的微量有机物，解决低浓度废水生化处理由于传质速度慢造成的效率低问题，进一步去除废水中残余的微量有机物。通过复合仿酶、废水磁化、再生水梯级循环利用技术及其优化组合，形成制浆造纸行业废水深度处理及回用关键技术，实现了制浆造纸废水处理出水 COD_{Cr} 低于 60 mg/L，色度低于 20 倍，水质满足《制浆造纸工业水污染物排放标准》（GB 3544—2008）中最严格的"水污染物特别排放限值"和《山东省南水北调沿线水污染物综合排放标准》（DB 37/599—2006）要求，制浆造纸企业节约成本 50% 以上，废水回用率大于 50%。

2011 年南四湖流域 COD 排放第一大户造纸业排放总量比 2007 年下降 56.9%，有效解决了流域内制浆造纸行业结构性污染问题。该技术已在淮河流域内外九省市 20 余家大型制浆造纸企业推广应用，废水总处理规模超过 70 万 m³/d。

4. 城镇生活污水高效脱氮除磷深度处理及污泥资源化处置关键技术

淮河流域水资源严重短缺，河流的污径比高，生态基流难以保障，入河污染负荷远超水体纳污能力，其中城村镇生活污水是入河污染负荷的主要来源。针对淮河流域低碳氮比生活污水脱氮除磷技术难点，重点研制了以 SMS 矿物为原料的高效反硝化脱氮生物滤池填料，研发了以新型低碳脱氮滤池为核心的城镇污水高效脱氮除磷与高品质再生水制备集成技术，在安徽省五河县污水处理厂建成规模 2.5 万吨/天的城市尾水深度脱氮除磷与再生回用技术工程验证示范，工程出水的主要指标稳定达到《地表水环境质量标准》（GB 3838—2002）Ⅳ类标准（总氮≤5 mg/L），尾水再生处理成本≤0.3 元/吨水；并建成推广应用工程 6 项，累计规模超 69 万吨/天。针对城市污泥年产量大、常规工艺存在二次污染、生物降解率低、处理成本高等问题，研发以新型兼氧菌群为核心的生物质能源化及残渣污泥资源化处置集成技术，攻克了单一功能微生物难降解污染物去除效率低以及资源化产品质量低等难题，在五河县污水处理厂建成了处理规模 1 万吨/年的城市污泥资源化工程验证示范，污泥消解时间缩减 50%，生物质转化率 85% 以上，无机残渣可制备重金属稳定化好的成品复合陶粒；并建成推广应用工程 9 项，累计推广应用的污水处理规模达 17.8 万吨/天，绝干污泥处理量约 6132 吨/年。针对乡镇生活污水处理厂规模小，位置分散，管理成本高、工程出水不稳定等问题，研发以复合生态 A²/O 技术为核心的乡镇生活污水深度处理集成技术，攻克了乡镇生活污水处理管理运营成本高、出水难以稳定达到一级 A 排放标准的难题，在阜阳市利辛县望疃镇、中疃镇、城北镇建成乡镇生活污水深度处理技术工程验证示范 3 项，工程总规模达 4000 吨/天；并建成推广应用工程 42 项，累计规模超 74 万吨/天。

针对淮河流域城镇污水再生和生态利用的技术需求，创新性地应用"偶联-预聚"工艺，克服了微米级永磁无机磁性材料与有机单体共聚"融合"的难题，开发出系列新型磁性离子交换与吸附粉末树脂，其交换容量是国际知名品牌 MIEX® 商品树脂的 2 倍左右，机械强度高 64%，其成本约为国外产品的 1/2。磁性树脂是一类高吸附量、快沉降、易再生的磁性吸附剂，它能通过吸附与离子交换复合作用对水体中污染物进行快速、高效去除，同时具有硬磁自聚功能，在无外界磁场情况下，能够在水中快速沉淀、分离和再生。新型磁性树脂污水深度处理技术对生化尾水中的 DOM 和色度去除显著优于传统吸附剂，对污水 COD 去除率 40%～60%，总氮去除率 50% 以上，总磷去除率约 30%，色度去除率 80% 以上，特别是对难以处理的硝态氮有很好的去除效果，且生物毒性削减效果好，可实现生化尾水深度净化关键指标达《地表水环境质量标准》（GB 3838—2002）Ⅳ类的高品质再生水水质要求。该技术具有投资省（300～500 元/吨）、运行成本低（0.1～0.2 元/吨）、水资源回收率高（>99.5%）、占地小（仅为传统混凝法占地 1/3）等优点，打破了国际垄断，填补了国内空白，被同行专家鉴定为国际领先技术。在装备研发上，根据自主研发的磁性树脂特性，研制出内循环拟流化床磁性树脂反应器，"颠覆"了传统树脂及反应器的使用方式，使树脂能像混凝剂一样使用，该反应器集成应用了水力旋流搅拌、体内自动循环和体外连续再生技术，避免了树脂的板结，保证了吸附系统连续运行，克服了悬浮物易对传统固定床树脂造成堵塞导致树脂失活的难题。与传统固定床吸附技术相比，本技术树脂投资降低 60%，构筑物投资削减 40%；与传统臭氧-活性炭深度处理工艺相比，处理成本下降 50%以上。磁性树脂吸附技术与整装成套装备已获 16 项授权中国发明专利和 4 项授权美国专利，其核心技术达国际领先水平，解决了传统吸附树脂在大水量、高浊度生化尾水中深度脱色、脱氮除磷的技术难题。目前，磁性树脂吸附材料及装备已实现了产业化生产，建成了年产 200 吨磁性树脂材料工业化基地以及年产 30 套的设备生产基地，具备了批量生产能力。该技术列入四部委联合《节水治污水生态修复先进适用技术指导目录》以及国家重大水体污染控制专项办公室新闻发布会重点推介技术。

5. 以节地、易管、耐寒为特点的村镇生活污水处理适用性技术及模块化装备

调研发现淮河流域小城镇污水处理厂进水 COD 一般在 300 mg/L 左右，但氨氮浓度非常高，有的能高达 80～100 mg/L，是大中型城市污水处理厂进水氨氮的两倍左右，具有明显的高氨氮、低碳氮比的特征。发达国家因为污水处理厂进水 COD 浓度通常较高，能够满足自身反硝化所需要的碳源，对于不能满足反硝化碳源的污水处理厂，通常采用甲醇、乙酸钠等作为外加碳源，但是我国对成本的承受能力比国外差。污水处理厂升级改造的关键技术是进一步降低出水中的氨氮指标，对于高氨氮、低碳氮比城市污水处理仍存在技术瓶颈。针对此问题，自主研发出分段进水多级 A/O 处理技术，其工艺主体部分由缺氧、好氧交替连接的生物处理单元和二沉池组成，二沉池的污泥一部分回流至第一级缺氧区，一部分作为剩余污泥排出，最后一格好氧池的出水直接进入二沉池，没有硝化液内回流设施，节省能耗；实现了碳源的优化分配，脱氮效率比传统 A/O 工艺明显提高，显著降低了处理成本。针对淮河流域村镇生活污水的高 COD、高氨氮特点，自主研发出多点进水 OAO 高效脱氮除磷为核心的村镇生活污水深度处理技术，其工艺系统主要由曝气池—沉淀池—缺氧池—好氧池—沉淀池组成，进水按照一定比例分别进入曝气池和缺氧池，不但实现了有机物的去除，而且对有机碳源进行了合理利用，减少了各环节对碳源的竞争。针对分散型农村生活污水处理设施运行难、管理难等问题，自主研发出适用分散型农村生活污水的腐殖填料滤池（HF）处理技术。该技术利用腐殖填料高腐殖质含量的特性构建腐殖质与微生物协同作用的滤池体系，具有工程投资省、运行成本低、处理效果好、不产生剩余污泥、可实现无人值守、管理简便等特点。基本上达到了我国村镇对生活污水处理技术"一省（投资省），二低（运行成本低），三好（处理效果好），四易（管理维护容易）"的现实要求。目前，本项目研发的村镇生活污水处理适用性技术已在河南、安徽、江苏、湖北等省市 140 余项工程中得到推广应用，支撑了郑州市 1050 个村庄的农村环境综合整治工作，年污水处理规模达 23.8 万吨，年削减 COD 量达 6300 吨、削减氨氮量达 270 吨。腐殖填料滤池技术入选联合国环境规划署发布的《发展中国家推广实用技术清单》。

6. 半湿润农业区"种-养-加"农业废弃物资源循环利用技术

针对淮河流域是国家重要的粮食主产区和粮食增产核心区，养殖业高度密集、污染负荷贡献大等特征，构建了半湿润农业区"秸秆养殖垫料化-节水减污养猪模式-低成本粪便有机肥加工-污水农田安全消纳"的种-养-加农业废弃物资源循环利用技术。针对半湿润农业区小麦-玉米轮作模式的特点，研发出"旱作农区小麦-玉米轮作体系下畜禽养殖污水农田消纳肥水一体化滴灌技术""冬小麦-夏玉米轮作畜禽粪便有机肥部分替代化学氮肥技术""冬小麦—夏玉米轮作氮肥减施增效关键技术"三项农田控氮减污施肥技术。考虑到流域中玉米秸秆和薯渣由于糖分含量高无法用于固化成型燃料的生产，并综合利用小麦、红薯等作物秸秆，针对淮河流域生猪养殖对高养分垫料的需求，以该区域大量产出的薯渣和作物秸秆为原材料，进行以薯渣及秸秆为主要成分的养猪微生物异位发酵床养殖垫料的开发，通过监测不同配比薯渣、秸秆、木屑组成的垫料的养殖效果筛选出适宜的垫料组合；为了进一步提高垫料养殖的效果，进行适合薯渣-秸秆垫料发酵菌株的筛选及协同增效菌群的构建，研发适宜的垫料微生物菌剂及其使用技术。针对畜禽粪便堆肥化处理发酵速度慢、堆肥周期长、臭气产生量大等问题，通过调控发酵条件、添加调理剂、高效外源微生物等提高微生物活性、缩短发酵周期、提高腐熟速度、减少臭气等污染源排放。通过调控堆肥化处理条件如水分、pH、温度和通气量调节等，提高微生物活性，提前进入高温期、缩短发酵周期；通过添加适宜的调理剂和外源微生物等，进一步提高发酵速度，缩短发酵周期，提高有机肥品质，减少臭气排放；堆肥化过程中通过添加除臭微生物和恶臭废气生物净化技术，使有机肥生产过程中达到《恶臭污染物排放标准》（GB 14554—93）。项目建成 100 亩养殖污水滴灌水肥一体化管理示范区，500 亩畜禽粪便有机肥部分替代化学氮肥、4500 亩化学氮肥减量施用控氮减污施肥技术综合示范区。项目解决了河南雏鹰集团等农业龙头企业 250 万头猪每年的粪污资源化与安全消纳问题，生产有机肥 47 万吨/年，减少 COD 排放 3500 吨/年、减少氨氮排放 66 吨/年，直接经济效益达 5000 万元/年。

针对沙颍河流域农业秸秆等废弃物废弃后产生污染及我国聚乳酸产业现状，围绕以秸秆等农业废弃物为始源物的生物可降解材料聚乳酸生产关键技术开展研究，通过对多项生产环节关键技术的突破、验证与示范，打通由秸秆等农业废弃物为始源物生产生物降解材料聚乳酸及其制品的全产业链技术路线，为秸秆等农业废弃物的再利用寻求一条切实可行的技术途径。形成包括以聚合级 L-丙交酯为代表的高值化产品；形成的产业链各环节多项关键技术，申请多项发明专利。标志性成果技术成熟度由研发初期的就绪度 3 提升至就绪度 7，具备进一步示范、推广的条件。建成工程示范 1 个，所获得的丙交酯产品化学纯度可达 99.5%，合成系统总得率可达 90%以上，催化剂用量小试实验下降 70%～80%。

针对沙颍河流域内规模养殖场养殖模式、污染排放特征，在现有粪污处理工艺基础上，研制了针对猪粪和尿液全混合液进行处理的立体搅拌完全混合式高温厌氧+中温厌氧两级厌氧处理工艺。全混高温-中温厌氧工艺可提高近 30%～50%

的沼气产量，COD 去除率达 70%～75%，产生的沼气用于粪污的升温，可减少运行能耗。建成 2000 头猪/年、1000 亩农田/年有机肥用量的工程示范一项；形成推广工程 2 项，推广规模 30000 头猪/年，年产有机肥 1300 吨，施用于周边 10000 亩农田。

针对流域内红薯淀粉废水未能得到有效处理而排放至环境水体造成较严重污染的问题需求，开展了红薯淀粉加工废水资源化预处理和还田利用技术适用性研发与验证推广，形成了红薯淀粉加工废水还田利用集成关键技术与工艺，编制并发布了《安徽省甘薯淀粉加工废水还田利用技术规范（试行）》，废水还田农作物种植化肥（以氮计）替代率达 20%～23.9%，废水还田工程化应用吨水成本小于 3 元，在沙颍河及其他流域推广应用规模 18.22 万吨鲜薯/年，20077 亩农田/年，实现红薯淀粉加工废水高效资源化利用，促进产业绿色发展和区域污染物排放大幅削减。

7. 基于"源头阻控、输移阻断"的农业面源氮污染地表水与地下水一体化控制技术

基于农田水分循环过程及地下水对地表水的补给规律，以"源头阻控、输移阻断"为核心，有效集成以硝化抑制和吸附固持为一体的氮污染物高效复合阻控技术、多形式渗透式反应墙与河滨缓冲带相耦合的浅层地下水氮污染输移阻断技术，构建了"农业面源氮污染地表水与地下水一体化控制技术"。以增强农业氮肥有效利用、实现源头阻控为核心，研发了集硝化抑制和吸附固持为一体的氮污染物高效复合阻控技术。优选和配施集硝化抑制和吸附固持为一体的氮污染物高效复合阻控剂，减缓氨氮硝化过程、增强氨氮吸附，达到土壤氮素损失控制的目的，形成氮素源头阻控、土壤淋失控制和作物高效利用的农业生产全过程的氮素综合阻控技术模式。该技术适用于小麦-玉米轮作的旱作农区，在作物不减产情况下，较常规施氮量减少 30%，下渗进入浅层地下水的硝酸盐氮污染物总量削减 40%以上，相比常规技术减少投入 848 元/（hm^2·a），具有较高的应用前景和环境效益。以原位生境安全、实现长效输移阻断为核心，研发了多形式渗透式反应墙与河滨缓冲带耦合的浅层地下水氮污染联合阻断技术。以小麦秸秆等农业废弃物为基料，研发了基于农业废弃物再利用的氮污染阻断复合功能材料，通过复合功能材料的原位埋覆，构建的基于化学还原和生物反硝化相耦合的地下水硝酸盐渗透式反应

墙去除技术，可实现浅层地下水向地表水的氮源输移阻断。其中，浅层地下水氮污染原位处置渗透式反应墙，应用于埋深小于 6 m 的地下水含水层，其硝酸盐运移阻断去除率稳定达到 70%以上，建设成本约 1250 元/m。同时，根据河流水系分级特征，因地制宜地建设河滨缓冲带，拦蓄和阻控地表、地下径流向河道的氮源输运，实现氮源输运的"多级控制"。农业面源氮污染地表水与地下水一体化控制技术在国家现代农业综合示范核心区——安徽省宿州市淮河种业粮食产业联合体旱作农业区进行了农业面源氮污染地表水与地下水一体化控制技术的集成示范，实施了农田氮源阻控 2000 亩、浅层地下水-地表水氮污染运移阻断渗透式反应墙 1000 m，依托《宿州城区新汴河景观工程》，建立了河滨缓冲带运移阻断工程 10 km，实现了农田水分循环过程中的污染物层层削减及地下水与地表水水质的双重改善，提升了流域尺度农业面源氮污染控制能力和水平。

6.2.2 研发闸坝型重污染河流水生态治理关键技术，形成整装成套技术，构建淮河水生态修复范式，实现 "臭水渠"变"水景区"，显著增强闸坝型河流"减负修复"能力

1. 梯级生态净化与修复关键技术

针对淮河流域河道滩地宽阔、土壤渗透性好等特点，项目以硫铁矿等还原性矿物为调控基质，研发了具有同步脱氮除磷的生态渗滤技术，克服了传统生态净化技术脱氮依赖有机碳源、除磷受限于基质磷吸附饱和、污染物毒性去除效果差等问题，对非常规水源补给水的 COD 去除率 40%左右，对氨去除率可达 80%，对 TP 的去除率达 90%以上，可使劣 V 类水质的非常规水源补给水净化跃升至 III～IV 类标准，运行成本≤0.1 元/吨。通过集成以硫铁矿物为调控基质的生态强化净化、河道淤泥就地快速干化、渗滤岛净化、人工湿地耦联组合净化等关键技术，项目构建了以"构造湿地生态河道强化净化-人工湿地耦联水质净化-近自然人工滩地/土壤侧渗联合净化-近自然河道污染生态削减"为核心的基流匮乏重污染河流梯级序列原位净化集成技术。针对河道狭窄、渠道化，以及河道原位净化受到泄洪等一系列客观因素限制等问题，研发了污染河流的人工湿地河道异位净化技术；针对污水处理厂尾水可生化性较差、水量较大、水质劣于 V 类水、湿地基质

易堵塞等特点,研发了"水流双向调节的垂直流人工湿地技术"、"基于生态计量化学平衡的基质配比技术"以及"表流-潜流-稳定塘活水链工艺"。通过梯级序列原位净化与人工湿地异位净化工程示范,贾鲁河示范河段水体透明度平均提升 85%,COD 削减 49%,NH$_3$-N 削减 76%,TP 削减 35%,日净化河流水 5 万~40 万吨;示范区生物物种丰富度大幅提高,尤其是斑嘴鸭、赤麻鸭、青脚鹬等长途迁徙鸟类成群栖息,示范区由"臭水渠"变成了"水景区"。该示范工程有力支持了中国大运河通济渠郑州段的成功申遗。人工湿地异位净化技术还成功应用于淮河流域新密双洎河人工湿地与长葛市白寨人工湿地,其中新密双洎河人工湿地为全国日处理量最大的垂直流人工湿地,日处理水量 12 万吨,每年可为双洎河提供 4380 万吨达标水,吨水处理成本仅为 0.1 元。

2. 微生境构造与近自然生态系统恢复关键技术

针对淮河流域闸坝型重污染河流天然径流小、季节性或阶段性断流、降水时空分布不均匀、支流闸坝蓄水、河道阶段性水位剧烈变化导致的环境流不稳定所引起的生境退化、生物多样性下降等问题,项目研发了河流微生境构造技术,通过构筑小型坝堰,保证坝下的地下水位干旱季节深度 50~150 cm 之内,对水体进行分流与截留保存,满足河流湿地植物最低需水要求,恢复自然河流湿地植被。为保证坝区能在最干旱期有部分区域蓄水,研发了"深潭-浅滩-台地空间格局优化技术",深潭在最干旱期间是水生生物的安全地,保持河流关键生物存活,生物随坝区水位上涨,向浅滩与台地扩散;浅滩恢复沉水与挺水植被恢复;台地恢复挺水及沼生植被。为提高河流生物多样性,研发了"库区生境多样性恢复技术",基于健康自然河流结构要求,按 1:3 的比例,营造深水区,恢复沉水植被,营造浅水区,恢复挺水植被;提高河流蜿蜒度,营造不同流速区,恢复不同类型的水生生物。为改善河流水质,研发了"库尾沼泽植物恢复技术",根据本土沼泽植物的需求,营造多样的微地形,进行沼泽植物的修复与配置。构建闸坝型河流近自然水生态系统,形成沼泽草甸环境。草甸沼泽环境能够有效防止水土流失,为多种水生动物的栖息地和繁殖场所,同时具有较高的生产力,有利于恢复闸坝型河流的生物多样性和生态自净功能,实现"臭水渠"转变为"水景区"。工程示范结果显示,示范段水质改善效果明显,其 COD、NH$_3$-N、TN 与 TP 分别减少了 80.05%、65.45%、42.22%和 23.89%;同时恢复了挺水植物、鱼类、底栖动物,浮游动物、鸟类五类关键生物功能群,本土动植物物种丰富度平均提高了 40%以上。针对河流多样化的微地形与复杂的水环境、水资源条件,研发了"河流水生态系统食物链稳定构建技术"。基于一系列关键技术研发与示范,集成了"生境诱导的水生生物群落构建技术",通过不同食物链阶层的生物配置与组合技术,构筑存在种间互促以及健康、稳定的生物功能群落,奠定健康水生生物群落恢复的基础,重建健康的"生产者-消费者-分解者"多级多链式复合食物链结构,保持河流水生生物的多样、合理的种群结构及数量,促进健康河流水生态系统的形成和发展,提高河流自身的长效净化能力。贾鲁河工程示范区的本土生物物种丰富度提高了 66%,沉水植物、挺水植物、底栖动物、浮游动物、鱼类、鸟类六大关键生物功能群落结构完整,食物链得到稳定恢复。示范区河段由劣 V 类水改善到准 IV 类水,水体 COD、NH_3-N 浓度分别下降了 80%与 66%,贾鲁河水质与水生态质量显著好转。

3. 闸坝型重污染河流生态治理整装成套技术

以技术集成-集成验证-效果评估-推广应用为主线,通过技术库构建、评估与集成研究、验证与推广应用工程案例剖析,形成集成验证与推广应用规范;依据规范,通过增量技术研发、工艺包构建,创新基流匮乏重污染河流生态强化净化、多闸坝污染河流生态修复、轻度黑臭河流生态恢复集成技术,形成闸坝型重污染河流生态治理整装成套技术;并分别在沙颍河上中下游开展集成验证工程,总长度 107.57 km;开展沙颍河流域生态完整性评价及验证工程的效果评估,结果表明示范河段 COD、氨氮和总磷削减成效显著,主要水质指标达地表水 III ~ IV 类标准,满足重要断面地表水达标要求;浮游动物及底栖生物恢复效果明显,生物完整性指数提高了 20%以上;最终经过技术提升、集成完善,形成规范化、系列化的多闸坝重污染河流生态治理整装成套技术,具体内容如下。

针对沙颍河上游基流匮乏、重污染以及水生态修复领域单项技术层次混杂、协调性不足、未形成高效技术链的问题,研发了基流匮乏型河流坝下浅水区生物避难所构建、水生植物与基质材料协同净化等增量技术,构建生态强化净化生态基流恢复 2 个工艺包,完成基流匮乏重污染河流生态强化净化关键技术集成。依托《郑州市贾鲁河综合治理工程》,实施了规模为 62.77 km 的工程验证示范,生态流量保障率达 100%。第三方监测结果显示,示范河段末端国控断面(中牟陇海铁路桥）出水 COD、氨氮和总磷浓度平均值为 22.2 mg/L、0.87 mg/L 和 0.13 mg/L，达到地表水Ⅲ～Ⅳ类标准；比工程施工前浓度降低了 35.2%、21.7% 和 21.1%，工程吨水建设及运行成本降低 30%，满足考核指标要求；示范段末端较前段的浮游植物和浮游动物多样性香农指数分别提高了 20.6%、157.6%；较施工前平均提高了 108%、52%；底栖动物得到恢复，已鉴定出 14 种。

针对沙颍河中游周口郸城洺河的坝前缓/滞留区氨氮浓度高、外来硝化菌种对本地环境适应性差且生态安全性风险高的问题，研发了坝前缓流区土著硝化菌脱氨增效增量技术，形成了多闸坝重污染脱氨工艺包，形成多闸坝污染河流生态净化和生态修复关键技术集成。依托《郸城洺河黑臭水体修复与环境景观整治提升工程》，在周口市郸城洺河建成规模 23.9 km 的工程验证示范。第三方监测结果显示，示范段出水较进水 COD、氨氮和总磷浓度平均降低 62.63%、56.49% 和 23.3%；较施工前削减 75.6%、65.8% 和 33.1%，达到地表水Ⅲ～Ⅳ类标准；工程吨水建设及运行成本降低 30%，满足考核指标要求；示范段末端较前段浮游植物、浮游动物和底栖生物多样性香农指数分别提高了 49.02%、30.89% 和 85.71%，较施工前分别提高了 142.28%、59.49% 和 31.95%。

针对沙颍河中游阜阳的轻度黑臭城市河流底泥厌氧和污染负荷高以及土著功能微生物无法发挥作用的问题，研发了缓释复配型微生物促生技术、平原区城市河网水循环调控方法等增量技术，构建轻度黑臭河流生态恢复工艺包，形成了轻度黑臭河流生态恢复关键技术集成。依托《阜阳市城区水系综合治理（含黑臭水体治理）重点项目》，实施了 18 km 的工程示范。第三方监测结果显示，示范段出水较施工前 COD、氨氮和总磷平均削减 49.27%、71.27% 和 78.46%，DO、ORP平均提高 45.48%、73.36%，达到地表水Ⅲ～Ⅳ类标准；工程建设成本降低 20%，运行成本降低 25%，满足考核指标要求。示范段水生植物和底栖动物多样性香农指数较施工前分别提高 31.68% 和 63.67%，黑藻、苦草、金鱼藻等多种沉水植物得以成功恢复。蓝藻门和绿藻门生物量分别下降 99.9% 和 74.7%，大部分点位开始出现枝角类、桡足类等大型清水浮游动物。

针对沙颍河流域水生态环境特点，研发河流高通量生物快速监测增量技术，结合已有的物理和化学完整性评价方法，构建了闸坝型受损河流生态完整性评价关键技术集成，弥补了我国流域水环境系统的生态完整性监测体系的不足。研究表明，沙颍河未受干扰、轻度干扰、干扰、中度干扰和重度干扰的比例分别为 0%、

16.67%、16.67%、55.56%和11.11%,说明沙颍河流域生态退化较为严重。对沙颍河流域示范工程的生态净化与修复效果进行了评估,结果表明工程示范段COD、氨氮和TP削减成效显著,主要水质指标达Ⅲ～Ⅳ类,满足重要断面地表水达标要求;浮游动物及底栖生物恢复效果明显,生物完整性指数提高了20%以上。

技术成果在长江流域、太湖流域等地推广应用,治理工程规模达399.7 km,面积达592.58 km^2,在河流水质净化和生态修复方面起到了良好的支撑,产生了显著的经济效益和社会效益,得到了社会广泛的认可和好评。其中,合肥市巢湖十八联圩项目,面积27.6 km^2,日均净化南淝河来水约80万 m^3,大幅降低巢湖进水氮磷负荷,提高区域生物多样性,有效改善生态系统综合功能及生态弹性。建成府河河口生态净化、府河治理、藻苲淀及引黄济淀生态治理推广工程,面积66.88 km^2,将为雄安新区绿色发展提供优良生态环境基础。

4. 闸坝型重污染河流的水生态修复模式

收集了国内外包括污染源削减、污染水体水质提升、河道生态修复与栖息地构建和水量调控与综合治理四大类1672项相关技术,构建多闸坝受损河流生态治理与水质改善技术库。提出以"技术-环境-经济"三个维度技术综合评价体系,形成多闸坝受损河流生态治理与水质改善的技术评价规范;以河流水环境问题为导向,结合技术适应性和成本分析,提出多闸坝受损河流生态治理与水质改善的技术集成规范;总结技术应用组合与实施,评价技术应用效果,形成多闸坝受损河流生态治理与水质改善的推广应用规范。编制了《河流生态修复大型本土植物选育扩繁技术规范》《污染河流原位生态净化技术导则》两项地方标准;指导地方关于河流生态修复大型本土植物选育扩繁技术和污染河流原位生态净化技术的推广应用。

从地貌状况、水文水质状况、生物状况以及河流功能4个方面出发,项目构建了涵盖纵向连通性、断流频率、底栖动物种类数等19项因子的退化程度诊断指标体系,建立了水生态退化程度诊断关键技术,形成5级退化诊断标准;充分考虑河流自然属性和社会经济属性双重因素,从地貌状况、水文水质状况、水生生物状况、功能状况、社会状况、经济发展和环境管理7个要素层构建河流水生态修复阈值指标体系,建立了水生态修复阈值辨识关键技术,形成4级修复等级。利用水生态退化程度诊断和水生态修复阈值辨识关键技术,全面评估淮河流域(河南段)水生态退化状态和生态修复阈值等级,获得淮河流域(河南段)退化状态和修复等级空间分布图。在此基础上，针对淮河流域（河南段）不同退化类型、不同修复等级河流，形成 37 种水生态修复模式。形成一套淮河流域（河南段）水生态修复范式。此外，综合潜在工具种的耐性阈值、生境阈值和功能定位，构建了生物工具种的筛选和当量化评估技术体系，按照沉水植物、浮叶植物、挺水植物，对 23 种生态修复工具种进行当量评估，获得淮河流域（河南段）修复富营养化水体的工具物种适应力排序，为生态修复工具种选择提供理论支撑。系统研究了多种工具种的最佳生长和建群条件，形成一套完整的生物工具种工程化应用技术体系，为生物工具种的工程化应用提供科学依据。

6.2.3　突破闸坝型重污染河流管理关键技术，形成沙颍河流域差异化水质目标管理技术体系，构建流域水生态环境多目标智能管理平台，实现河流水环境的精准化智慧管理

1. 闸坝型河流"三级标准"体系构建

针对淮河流域基流匮乏闸坝型重污染河流的特点，项目系统研究了工业废水中毒害污染物对污水生物处理系统的影响以及河流生态净化系统对非常规水源中氮、磷等营养物质与生物毒性削减净化潜力，并在此基础上分别编制了由河南省环保厅与质量技术监督局联合发布实施的河南省化工、发酵类和化学合成制药、啤酒、合成氨等工业水污染物间接排放标准 6 项以及贾鲁河、双泊河、清潩河、蟒沁河等流域水污染物排放标准 5 项，构建了基于"行业废水间接排放标准-小流域排污标准-河流水质标准"的闸坝型河流"三级标准"体系，实现了排污标准与河流自净能力以及水质目标标准的科学衔接。通过实施比国家标准更为严格的地方工业水污染物间接排放标准，有效控制了工业废水中有毒污染物对污水厂生物处理系统的冲击，保障了区域综合污水处理的稳定运行，提高了工业废水处理达标率与再生水生态利用的安全性；针对不同河流的净化能力、功能及水质目标要求，通过制订小流域污染物排放标准，保证了流域水质目标的实现。通过对贾鲁河、双泊河、清潩河、蟒沁河等小流域实施严格的水污染物排放标准，大幅削减基流匮乏型河流的入河污染负荷，为淮河流域水环境质量显著改善，特别是重污染支流-沙颍河水质根本性好转起到重要支撑作用。

2. 闸坝型河流环境流量辨识与调控管理关键技术

以典型北方水资源缺乏、外部调水强人工调控、水文资料缺乏的清潩河流域为研究对象，针对多闸坝（7 闸 2 坝）、基流匮乏（上游断流频率 60%、洪枯比 7.35、生态需水保证率低于 60%）、污染负荷高（河流污径比高达 84%）等问题，以 GIS 为手段，采用水文比拟法和参数等值线图法确定小流域关键阶段的基础流量，考虑河流功能、保护目标以及水生态功能分区结果，提出闸坝干扰和水质污染区域生态环境功能分区体系，分别确定不同分区环境流量组成，建立水文资料缺乏流域环境流量计算体系，突破了强人工干扰流域环境流量分区界定与模拟技术；建立以河湖生态环境需水作为单独用水户的河道内生态环境需水保障的水资源优化配置模型，通过三次平衡分析，运用动态规划法，构建了多水源条件下的水资源优化调配方案，保障河道内生态环境用水总量；从源头出发，基于分布式水文模型的流域径流推求技术，构建"产汇流"模型，采用参数移植法确定缺资料流域的径流参数，推求多年逐月径流量，并创新性地提出基于图论的多闸坝河网连通性优化技术（网状水系连通性指数法（RCI）和河网综合连通性指数法（CCI））实现闸控河网结构连通性的量化和优化，最终形成"基于区域水资源优化配置-流域环境流量需求-河网闸坝优化"的"换水+循环"环境流量调控模式。该技术形成了一套"保障-连通-调控"环境流量调控方案及模式，主要适用于水资源短缺、水文资料匮乏、人工高度干扰、污径比高的流域。依托该技术，形成了《清潩河（许昌段）流域河湖水系 2017～2018 年度水资源优化调配方案》《清潩河（许昌段）流域 2017～2018 年度环境流量调控方案》，并在许昌市正式应用。通过水资源调配方案的实施，非常规水源供水量占河湖水系供水总量的 63%，节约了外调水量，实现了分质供水及水资源高效利用的目标，加强了流域水量统一调度、合理开发，有效保护水资源；通过环境流量调控，保障流域水质稳定在IV类，显著改善河流水动力条件，有益于河流生态系统的恢复，对于提升水环境质量和水生态功能具有重要意义。

3. 基于"生态基流保障-大型污染事故防范-水生态安全防控"的闸坝型河流水质-水量-水生态联合调度技术

针对闸坝型重污染河流的特点，通过分析生物指标的群落特征与驱动因子，建立了鱼类与关键生境因子间的非线性响应关系，突破了确定生态需水的关键技术，科学确定了淮河干支流控制断面的生态需水成果；建立了河流生态系统评价指标体系，提出了淮河流域典型水体水生态健康评价方法。基于一、二维水动力水质模型和分布式时变增益水文模型（DTVGM），突破了多闸坝流域水文-水动力-水质耦合的关键技术，实现了多闸坝流域水质-水量-水生态耦合模拟，在淮河干流、沙颍河、涡河水动力-水质模拟和水量-水生态中长期模拟调控中发挥了重要作用。综合考虑中长期生产、生活、生态用水分配和短期防污与生态需水应急调度两个层面的水量调配，创新了以提高生态用水保证率为主要目标的"二层-三要素"水质-水量-水生态联合调度技术。该技术具有互馈性和滚动性的特点，以流域生态用水规划配置为短期应急调度的边界条件，短期应急调度的实施结果反馈给中长期生态用水规划配置，并进行方案调整，实现了流域中长期生态用水规划配置和闸坝群短期应急调度的耦合调度，为淮河流域通过水量调度、提高淮河流域生态用水保证率提供了科学依据和技术手段。以多闸坝河流水质-水量-水生态联合调度技术为核心，开发建立了淮河-沙颍河水质水量联合调度系统，该系统示范平台紧密结合淮河流域水资源保护局的业务需求，基于 BS 架构和云技术，扩展了水文-水质-水生态信息库，集成了水质-水量-水生态耦合模拟、闸坝群可调能力识别、"二层-三要素"联合调度与风险分析等功能模块，在淮河流域水资源保护局实现了试运行。实现淮河流域突发性水污染事件发生概率下降75%，重要水域生态用水保证率从50%提高到75%。

4. 闸坝型重污染河流差异化水质目标管理技术体系

针对闸坝型重污染河流的基流匮乏、多闸坝、生态缺水率高、污染物总量控制达标与水质达标脱节等特征问题，依据流域水质目标管理的完整性理论，综合考虑水体物理的、化学的和生物的完整性需求，以沙颍河为典型案例，重点突破"基于地表-地下水耦合的 TMDL 模拟技术"、"一证链式污染源管理集成技术体系"及"多闸坝流域闸坝群低影响调控技术体系"关键技术，构建"多闸坝流域差异化水质目标管理技术体系"。

为保障淮河流域内水功能区稳定达标，解决流域内排放达标、总量控制达标与水质达标脱节以及区域水环境承载力大的问题，采用"基于地表-地下水耦合的 TMDL 模拟技术"，制定 TMDL 计划，综合考虑上-下游、地表-地下、点-面源，有针对性地控制各个分区不同来源的污染物排放量，将污染物负荷总量控制在区域自然环境所能承载的能力范围之内，实现流域污染物的精准化控制。耦合分布式水文模型 SWAT 及非确定性模型（非点源污染负荷逆建模评估技术、基于基流分割的地下径流污染负荷评估技术），构建了适用于不同资料需求的非点源污染负荷评估技术；同时考虑水分运动及污染物迁移的地表过程和地下过程，构建了以 MIKE11 为核心算法的河道水动力-水质模型，形成了流域尺度全过程的污染负荷与水质关联模拟技术；综合考虑 TMDL 的季节性变化及其面源污染负荷的地表、地下迁移途径，以静态或动态表达方式确定合理、可行的污染负荷削减方案。依托本关键技术形成《沙颍河流域典型国控断面汇水范围 TMDL 计划实施方案》。通过水环境问题分析，识别出双泊河新郑黄甫寨断面以上河段、贾鲁河中牟陈桥断面以上河段、颍河白沙水库断面以上河段为受损水体，优控污染物为氨氮。基于野外采样和室内试验，构建了沙颍河流域土壤属性数据库，建立了沙颍河流域农业面源污染负荷评估 SWAT 模型，并模拟了双泊河新郑黄甫寨断面以上汇水单元的面源氨氮污染负荷。结合点源统计数据，分析了区域点、面源氨氮污染负荷特征。利用以 MIKE11 为核心算法的河道水动力-水质模型，考虑水分和污染物运动的地表过程和地下过程，分析了源负荷与双泊河新郑黄甫寨断面水质的响应关系，制定了该受损水体的动态 TMDL 计划。依据污水处理厂排放达标、工业企业按证排污及发挥最佳污染物排放管理水平、生活直排源接管、施行农业面源最佳管理策略等原则，提出了各污染源的削减方案。实施效果良好，对双泊河新郑黄甫寨断面水质达标具有重要的指导作用。

在污染源管控方面，构建了以排污许可为核心的"证前准入-证中核定-证后监管"的污染源管理集成技术体系。其中，"证前准入"方面，构建精细化、差异化、地方特征化行业排污许可分类管理名录，实现了"证前科学分类与准入管理"；"证中核定"方面，针对不同类型污染源构建了基于环境管理水平的常规污染物技术约束排放限值核定技术和基于变异系数的特征污染物技术约束排放限值核定技术，针对受损水体构建了"基于水质目标约束的地表-地下水耦合 TMDL 模拟技术"，实现了以 MIKE11 为核心算法的流域尺度水分运动及污染物迁移的地表与地下全过程的污染负荷与水质关联模拟，综合基于污染物控制技术约束的排放限值核定技术及基于受损水体水质约束的排污许可限值核定技术，实现了"证中精准核定"；"证后监管"方面，衔接在线监控、排污许可、地方信用评价，提出全方位证后监管技术流程及证后监管技术指南,实现"证后有效监管"。

在闸坝调度方面,构建了"多闸坝流域闸坝群低影响调控技术体系"。以实现水资源、社会经济、水生态环境相协调为目标,强调水生态环境保护在内的综合效用最大,创新性地提出了闸坝群低影响调控的概念;综合考虑水量、水质、水生态、工程和社会经济要素,建立了闸坝调度对河流水质、水量影响动态过程的评价指标体系,基于层次分析法、熵权法和变异系数法相结合的组合赋权计算方法,构建了对闸坝可调能力进行定性描述、定量分析、合理预测和有效评估的闸坝群低影响可调能力识别技术。基于闸坝群低影响可调能力评价,耦合闸坝群低影响中长期-短期联合调度模型、分布式时变增益水文模型和水动力水质水生态耦合模型,通过闸坝群中长期-短期联合调度,提高河道生态用水保障程度,实现流域社会经济和生态环境的协调发展。

以沙颍河流域为典型区域,基于流域水质目标管理物理的、化学的和生物的完整性需求,在流域水生态功能分区的基础上,提出以生物保护、水质安全和生态流量保障为核心的沙颍河流域差异化水质管理目标体系。在此基础上,以淮河流域为对象,基于长序列水文监测资料及层次聚类分析,流域地表水水质聚类为4 个空间相似性分区(图 6-1),分别为低污染区(Ⅰ区)、轻污染区(Ⅱ区)、中污染区(Ⅲ区)和重污染区(Ⅳ区)。其中,Ⅰ区主要分布于淮河上游及淮南地区,

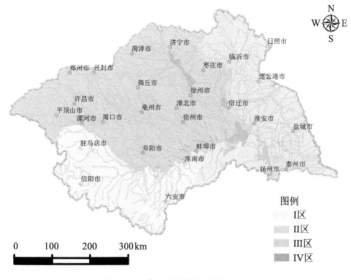

图 6-1　淮河流域水质分区图

即王家坝以上北岸、王家坝以上南岸和王蚌区间南岸 3 个水资源区；Ⅱ区位于蚌洪区间南岸；Ⅲ区主要分布于洪泽湖下游地区，即里下河区、高天区、沂沭河区和日赣区 4 个水资源区；Ⅳ区主要分布于洪泽湖上游淮北地区，即王蚌区间北岸、蚌洪区间北岸、中运河区、湖东和湖西区 5 个水资源区。针对各分区水质特征及其水质主要贡献因子，分别提出基于 TMDL 的受损水体综合治理模式、基于地表-地下水一体化控制的农业面源污染综合防控模式、基于全过程强化控制的工业和城市污水毒害污染物治理模式、基于生态流量保障的闸坝群低影响调控模式，形成多闸坝流域基流匮乏型河流治理模式及综合调控策略。

针对Ⅰ区产业结构、污染特征，在城市生活污水及其工业污染源达标控制的基础上，强调农业面源的综合治理，实施"地表-地下水一体化控制的农业面源污染综合防控"，优选和配施集硝化抑制和吸附固持为一体的氮污染物高效复合阻控剂以减少源头氮素损失，建设多形式渗透式反应墙与河滨缓冲带以联合阻断面源氮污染物的水平输移，形成农业面源污染的立体化防控系统。针对Ⅱ区和Ⅲ区以工业为主导的产业结构以及水体以重金属等毒害污染物为主的污染特征，在常规污染物控制的基础上，强调工业污染源及混合污水处理厂毒害污染物治理，实施行业毒害污染物全过程控制，源头削减典型行业"苯系物""重金属"；强化/优化污水深度处理，推广应用混合污水处理厂典型毒害污染物强化控制关键技术，实现化工园区、混合型城市污水厂苯系物排放无害化。Ⅳ区是流域内水体污染负荷承载最高的区域，也是流域内降水量最小的区域，对于受损水体强调实施基于 TMDL 计划的点、面源一体化治理模式。同时，根据Ⅳ区受损水体受纳污染负荷特征及其相应的 TMDL 计划，合理分配点源污染负荷，严格管控双洎河点源排污许可；实施地表径流面源污染最佳管理策略，减少颍河面源污染负荷；扩大中水资源利用、适时实施闸坝群低影响调度，提高贾鲁河水环境承载能力。

以流域水质分区为基本单元，基于流域水质目标管理的完整性理论，以 TMDL 量化管控为核心的"多闸坝流域基流匮乏型河流治理模式及综合调控策略"，实现点-面源一体、地表-地下协同的污染源控制方案，可大幅提升流域水生态环境综合管理精准化水平，改善流域水生态环境质量，具有极大的可复制性及推广潜力。"多闸坝流域基流匮乏型河流治理模式及综合调控策略"支撑了《河南省水生态环境保护"十四五"规划》重点控制单元水污染综合防控策略的制定，提高了规划编制的科学性，并应用于《郑州市贾鲁河水质提升方案（2019—2020 年）》《郑州市双洎河水质提升方案（2019—2020 年）》和《防洪排涝体系下城市闸控型河道生态需水量保障方案》的编制。"基于 TMDL 的受损水体综合治理模式"，在双洎河流域受损河段（新郑黄甫寨国控断面以上）排污许可限值核定中得到示范应用，使得新郑黄甫寨国控断面氨氮年达标率由 75% 上升到 100%。

5. 闸坝型河流水生态环境多目标智能管理业务化运行平台

针对沙颍河流域现有水环境管理平台功能单一、水生态环境监测数据分散、河道水利工程调度依据不足等问题，在"十二五淮河流域闸坝群联合调度研究"基础上，根据国家"水十条"实施水环境管理的科技需求及流域生态环境监督管理机构的业务化管理需求，以流域水质目标管理完整性理论为导向，以多闸坝流域水质目标管理的关键技术为核心，构建沙颍河流域水生态环境多目标智能管理平台，并实现业务化运行。

沙颍河流域水生态环境多目标智能管理平台利用 JavaEE 等技术，集多元大数据仓库、决策支持模型库及执行原则知识库为一体，形成智能化管理平台。其中，多元大数据仓库整合流域内水生态环境大数据，扩展基于水循环过程的地表水-地下水观测系统，实现沙颍河流域水质、水量、水生态一体化观测；决策支持模型库有效集成以排污许可为核心的"一证链式"污染源管理技术、多闸坝河流闸坝群低影响调控技术、分布式水质-水量-水生态耦合模拟技术、水污染过程分析与监控技术和水污染事件预警预报技术，实现总量负荷动态分配及其排污许可证发放合理性监管、污染源排放评估及其溯源与风险评估、断面生态流量保障及其低影响实时调度等水质目标管理功能；执行原则知识库基于多元大数据仓库及其预报预警技术，利用聚类分析、预测分析、关联分析和时间序列分析等数据挖掘方法，生成流域水资源调控执行规则和污染风险预警预报方案，实现平台智能化决策。在流域机构现有管理平台基础上，在用户层开发了基础信息、水质目标管理、排污管理、闸坝群低影响调控、应急管理等子模块，形成了业务化运行平台；同时基于智能管理平台，开发了淮河流域水质监测手机 App 系统。

"沙颍河流域水生态环境多目标智能管理平台"部署于生态环境部淮河流域生态环境监督管理局，坚持在开发中应用，在应用中不断完善，平台的建设与运行支撑了流域生态环境的多部门联动监督管理，提升了流域水环境管理的系统化、科学化、法治化、精细化和信息化水平。2020 年 11 月，平台监管信息提示周口断面和界首断面流量小于生态流量阈值，平台应用单位及时与水利部门进行协调，并利用平台的低影响闸坝群调控模块，生成生态流量调度方案，提供给河南省沙颍河流域管理局作为调度参考，督促其采取措施，及时保障了生态流量需求。水质监测手机 App 可实现淮河流域 222 个水质自动监测站和 399 个人工站点的水质数据集中管理和分析运用。2021 年 3 月，连云港市东海县清泉河水质超标，移动端 App 及时向东海县人民政府发出预警，在平台应用单位的督促下，水质超标问题得到及时的调查和整改。

6.2.4　创新闸坝型重污染河流"三三三"治理模式与水质保障型蓄水湖泊"治用保"治污模式，为我国同类型河流与湖泊治理提供借鉴

1. 闸坝型重污染河流"三三三"治理模式

项目以贾鲁河为典型案例，针对闸坝型重污染河流天然径流少、闸坝多、非常规水补给为主等特征，创新实践了基于"三级控制、三级标准、三级循环"科学衔接的河流"三三三"治污新模式。该模式的"一级控制"中，针对化工、制药、造纸等有毒有害工业废水可能对综合污水处理厂可能造成的冲击，通过制订化工、发酵制药等工业废水间接排放标准以及研发"零价铁还原-芬顿流化床"集成处理技术，一方面有效控制了工业废水中有毒污染物对污水厂生物处理系统的冲击，保证了综合性污水处理厂的稳定运行，提高了污水厂的达标率，同时也提高了企业或园区的中水回用率；在工业/城市尾水深度处理与再生回用的"二级控制"中，利用新型永磁性树脂吸附技术以及"物化与生态"集成技术，可使区域内工业与城市尾水达到再生水景观回用标准，然后经过人工湿地净化进一步削减氮磷以及有毒有害污染物集中排入河流，使污水厂非常规水源得到充分利用，保证了基流匮乏河流的生态基流，实现了区域内工业与城市尾水的景观再生回用；在河流原位生态净化与水质提升的"三级控制"中，通过生境构造、基质强化脱氮除磷、水生植被恢复和生态系统构建等河流原位生态强化净化与修复关键技术，使生态补给的再生水水质由劣Ⅴ类跃升至Ⅲ～Ⅳ类，重建与恢复了贾鲁河的"肾脏"系统，实现了流域尺度上的水资源生态再生利用。综上可见，在河流"三三

三"治理模式中，通过建立"点源-区域-流域"的"三级控制"，可使"行业间接排放标准-流域排污标准-河流水质标准"的"三级标准"得到有序衔接，建立了"工业园区（企业）内部废水循环利用-区域污水再生回用-流域水资源生态利用"的废水资源"三级循环"再生利用体系，实现了贾鲁河流域工业废水与城市污水大尺度再生利用，使流域污染排放总量、河流生态净化能力与河流水质目标得到科学衔接，支撑了贾鲁河流域的水环境质量改善与达标，破解了基流匮乏重污染河流的治污困境。目前　"三三三"治理模式已在沙颍河流域的清潩河与八里河、淮河下游入海河流-清安河、太湖流域永胜河与小圩沟以及内蒙古包头市城市河流的水环境治理中推广应用。

2. 水质保障型蓄水湖泊"治用保"治污模式

南水北调东线工程是解决我国北方地区水资源严重短缺问题的国家级特大基础设施项目，南四湖治污是东线工程成败的关键。南四湖流域面积辽阔，人口密度大，工业化和城镇化推进快速，产业结构偏重，流域水污染恶劣。在短时间内使南四湖湖本水质由劣V类跃升至饮用水标准，其实现难度为国内外罕见。如何既确保调水水质达标，又保证经济发展和社会稳定，是流域治污需要破解的难题。在"十一五"期间，从发展中地区实际出发，水专项探索建立了"治用保"流域综合治污模式，在南四湖流域大规模推广应用，实现了湖区主要水质指标由劣V类向III类的跃升，走出一条适合于发展中地区流域治污的新道路。该模式中，"治"即污染治理，针对工业结构性污染突出问题，创新流域水污染物综合排放标准体系，突破制浆造纸等重点污染行业废水深度处理和城镇污水脱氮除磷高效节能等技术瓶颈，在大幅削减点源负荷的同时，引导和推动落后生产力"转方式、调结构"；"用"即再生水循环利用，针对流域水资源短缺、水环境容量小等问题，创新区域再生水循环利用体系构建技术和管理模式，建设再生水截蓄导用设施，实现行政辖区内再生水的充分循环利用，有效实现废水和污染负荷的进一步减排，且闸坝拦蓄增大了河道水体自净能力而实现环境增容。突破再生水调蓄库塘生态构建技术，有效控制库塘内水华，确保流域再生水回用安全；"保"即生态修复和保护，针对面源污染严重、水生态系统受损严重等问题，创新生态修复与功能强化技术，在不影响地方经济发展和社会稳定的前提下，实施湖滨带规模化退耕还湿、河口人工湿地、湖区生态保育等工程，构建调水干线生态屏障，进一步减少水污染物入湖量，且提升湖滨带、入湖河口及湖区水体自净能力而实现环境增容。通过"十一五""治用保"模式实施，南四湖流域自 2008 年起第二产业比重连续多年下降，产业结构优化效果明显；2007～2011 年南四湖流域 GDP 年均增长率 15.9%（按当年价格），而全流域 COD 和 NH_3-N 年均浓度分别年均下降 8.6%和 26.7%，在 2010～2011 年枯水期南四湖水质以Ⅲ类为主，全湖 NH_3-N 达到Ⅲ类标准。即在流域经济两位数持续增长的同时，实现了流域水质持续改善。在"十一五"期间，南四湖流域内修复湿地 18 余万亩，生态结构和功能逐步恢复，水体自净能力逐步提高。至 2011 年，南四湖水生高等植物物种数恢复到 70 种；多年绝迹的小银鱼、大银鱼、刀鲚等鱼类恢复生长，成为主要渔获物种；南四湖鸟类数量达到 15 万只，湿地恢复区鸟类达到 33 种；新薛河入湖口人工湿地发现 52 只珍稀水禽白枕鹤种群。综上，"治用保"模式实施使南四湖主要水质指标由地表水劣 V 类向Ⅲ类跃升，实现了流域发展方式转变，经济、社会、环境同步共赢的研究目标。与传统的流域治污模式相比，"治用保"流域综合治污模式最大限度地利用"用"和"保"化解了治污压力，跨越 Kuznets 环境经济学壁垒，实现了流域治污以牺牲经济发展为代价向调整产业结构、优化经济发展方式的转变，为发展中地区在工业化、城镇化快速推进阶段基本解决流域环境问题提供了范例。"治用保"流域综合治污模式在南四湖流域取得经验后，已上升为山东省政府的治污策略，在省辖淮河、海河、小清河、半岛流域水污染控制工作中得到了广泛推广应用。2011 年省控 59 条重点河流 COD 平均浓度达到 27.9 mg/L，NH_3-N 平均浓度达到 1.45 mg/L，水环境质量总体上已恢复到 1985 年以前的水平。

6.2.5 构建基于"技术研发–成果孵化–联盟集成–平台推广–机制保障"的全链式成果转化与产业化模式，打通水专项成果从"书架"走到"货架"的产业化"最后一公里"

为推动水专项成果从"书架"走到"货架"，针对成果转化与产业化普遍面临科研院所与产业联系松散、成果转移转化的资金短缺、成果缺乏有效推广途径等问题，以"十一五"和"十二五"水专项淮河项目关键技术成果为对象，通过产业化二次研发，研制可市场化推广应用的典型工业废水资源化与无害化处理、城镇污水高效脱氮除磷处理、河湖水生态修复、水生态环境监测等技术领域的环保产品装备,实现产品装备的标准化和关键核心技术的规范化。与此同时,拟通过人才、技术、资本等要素优化配置,筹建流域水污染治理与生态修复等技术创新战略联盟,建成水专项成果产业化推广平台与信息共享服务平台,探索淮河流域水专项成果转化与产业化推广保障机制,构建基于"技术研发-成果孵化-联盟集成-平台推广-机制保障"的全链式水专项成果产业化推广模式,打通了生态环境科技成果转化与产业化的"最后一公里",推动水专项成果从"书架"走到"货架",在淮河、长江等我国重点流域转化落地,真正转变为环保企业发展动力,科技助力重点流域打赢污染防治攻坚战。

1. 水专项技术成果的产业化二次研发

以市场需求为导向,筛选具有产业化潜力的"十一五"和"十二五"水专项关键技术为二次研发对象,研制出一批具有自主知识产权的国产化环保产品装备,实现了设备的标准化与技术的规范化,关键技术就绪度由6~7级提升至8~9级。

以工业废水的能源化与无害化处理为目标,针对精细化工、制药、石化等行业难降解有机工业废水生化处理效率低、能耗高等难题,研制了多效菌纳水质调理反应器,编制企业标准《生物增效处理加速器生产组装规范》(Q/QYBZ0011—2019),建立反应器核心器件实体加工组装平台和产业化生产基地,开发了适用厌氧折流板、升流式厌氧污泥床和完全混合式反应器的标准化装置3套,形成使用技术规范3项。装备在化工、制药、印染、酿造等行业废水处理工程推广应用5项,工业废水B/C比提升50%以上,COD和总氮去除率大于95%,氨氮去除率达到98%以上,设备的吨水投资成本仅为200元/吨左右,运行成本≤0.02元/吨水,实现对整体流程的吨水运行成本降低40%左右,工程最后出水稳定达到城镇污水排放一级A标准。针对复杂多变的高浓度工业有机废水治理难度大、能耗较高等问题,研制出适用于高浓度有机废水的标准化双循环厌氧反应器,编制企业标准《新型高效双循环厌氧反应器》(Q/320902NDY007—2019),形成了相应装备使用技术规范。反应器在医药、淀粉加工、发酵、印染等工业废水处理工程推广应用5项,对高浓度工业有机废水COD去除率达70%~90%,反应器容积负荷可达8~20 kg COD/(m³·d);装备投资成本2500~4000元/吨水,运行成本约0.3~0.6元/吨水。针对传统臭氧催化氧化反应器效率低、运行成本高等问题,研究了反应器内气液固三相传质强化过程，开发出高效能的气泡破碎器、研制形成了标准化的臭氧催化反应器，编制企业标准《多尺度非均相催化臭氧氧化废水装备》（Q/320900NDHX002—2020）和《协同-超细气泡非均相臭氧催化氧化废水装备》（Q/320902NDY006—2019），形成使用技术规范。装备在江苏、江西、内蒙古等省（自治区）化工、印染、农药等行业废水毒性削减及深度处理工程推广应用 6 项，可将 COD 浓度 340～400 mg/L 生化尾水处理稳定至 160 mg/L 以下，B/C 由 0.14 提升至 0.35，运行成本为 5.11 元/吨，出水稳定达标排放。针对现有光电催化系统电极易钝化、重金属回收率低、磷无法同步回收等问题，研制出标准化的光电催化装备，实现工业废水/液中重金属与磷的同步资源回收；编制企业标准《光电催化重金属废液处置装备》（Q/500106ZXKJ001—2020），形成相应使用技术规范。装备在广东省和重庆市重金属工业废水（液）处理工程推广应用 7 项，对废液中重金属络合物氧化率达 95% 以上，重金属回收率达 91%，回收的铜、镍等重金属纯度达 94%。

以城镇和农村生活污水深度处理与一级 A 排放标准为目标，针对常规工艺处理高氨氮、低碳氮比生活污水时易出现氮磷超标的问题，研发了多点进水多级 AO 与改性硅藻土絮凝耦合的水处理集成技术，编制了技术工艺的标准化设计图册，形成企业标准《复合絮凝剂 SAF》（Q/HNGL01—2020），与上市企业河南泽衡环保公司共建了产学研联盟，推动多点进水多级 A/O 耦合改性硅藻土絮凝吸附集成技术与产品在新郑、许昌、荥阳等地城镇污水处理工程推广应用 6 项，工程实现高效脱氮除磷，稳定达到一级 A 排放标准。与传统 AO 法相比，该技术的池容减少 20% 以上，运行费用降低 30% 左右，吨水费用小于 0.3 元。针对传统 A^2O 活性污泥法抗冲击负荷能力弱且出水磷难以低于 0.5 mg/L 等问题，研制了基于 A^3O 工艺的新型泥膜耦合脱氮除磷处理标准化装备，根据不同类型村镇需求，开发了单套规模为 15、30、60、100、150、200 吨/天模块化装备，编制企业标准《一体化 A^3O 泥膜耦合脱氮除磷成套技术装备》（Q/HQHB003—2019）和《村联户级泥膜耦合污水处理装备》（Q/HQHB004—2019），形成使用技术规范，建成了标准化模块装备的产业化生产基地。模块化装备在安徽、山东、福建等省村镇污水处理工程推广应用 200 多台套，装备投资成本为 3000～5000 元/吨水，运行成本 ≤0.5 元/吨水，出水达到一级 A 标准。成果获得 2021 年安徽省科学技术进步奖二等奖，入选国家工信部《环保装备制造行业（污水治理）规范条件》，参编了《成套污水处理装置》《给水排水产品系列标准乡村应用实施指南》《小型生活排水处理成套设备选用与安装》等国家及行业相关标准。针对分散式农户生活污水处理需求多变、施工边界条件复杂等难点，研制出适用分散式农户生活污水处理的复合腐殖填料生物滤池（MHF）模块化装备，编制形成了《MHF 工艺模块化装备产品标准》（Q/NJKR-J-06-02—2018）、《MHF 工艺处理生活污水工程技术标准》（Q/KR-00-001—2018）和《MHF 工艺模块化装备技术规范》（Q/NJKR-J-01-04—2018）。装备在湖北、江苏、重庆等省市 10 余个村镇建设生活污水处理工程推广应用 10 项，工程出水主要指标均达到一级 A 标准，设备投资成本小于 4000 元/吨水，工程运行成本低于 0.15 元/吨水。

以水生态修复工程建设效率与质量提升为目标，针对传统工具种繁殖方法速度慢、效率低，生产占地面积大，产品质量参差不齐，难以满足大规模市场需求等问题，研发了规范化的沉水植物工具种扩繁与产业化生产技术，编制形成了《沉水植物种苗规模化扩繁技术规程》，将以中国环境科学学会团标形式发布；在江苏省常熟市南湖和北京市顺义区建立了生态修复工具种产业化生产南方基地和北方基地，轮叶黑藻等工具种产业化生产规模达 5 万株/年以上，商品化工具种已在北京、浙江、河南、江苏等省份水生态修复工程推广应用 6 项，种苗成活率均在 90%以上，显著提高工具种成活率与生态修复工程效果。针对河湖水生态修复工程中水生植物种植人工强度大且成本高、易出现种苗漂浮现象、种苗种植成活率低等问题，以沉水植物机械种植为目标，研制了标准化的便携式与机械式沉水植物种植器装置，使沉水植物轻松种入底泥中，解决了种苗漂浮问题，提高了沉水植物工具种的种植效率和成活率，大幅降低人工成本和劳动强度。项目与合作生产企业建立了种植器设备加工生产线与组装平台，编制形成了《便携式沉水植物种植器企业标准》（Q/HRJWZY0001—2018）和《机械化沉水植物种植器企业标准》（Q/HRJWZY0001—2019）。种植器装备已在北京、河北、河南等省份的生态修复工程上推广应用 5 项，种植沉水植物成活率达到 90%以上，节约人工 30%以上。

以中德国际合作的方式，研制出国产化的体积排阻色谱联用型有机氮检测仪器，攻克了有机氮、亚硝态氮、硝态氮、氨氮之间分离与深度氧化的技术难题，实现了高 DIN/TDN 比值下水中有机氮的准确检测分析，产品实现了产业化生产和市场化销售，客户包括南京大学、西安理工大学旱区生态水利国家重点实验室等国内高校及科研机构，同时出口到新加坡南洋理工大学 NEWRI 水研究中心等科研单位。利用水中溶解性有机物普遍含有芳香性分子结构,在受到 250～300 nm 波长紫外线激发可产生蓝色荧光的特点,开发出便携式、微型嵌入式和在线探头式的一系列水质分析仪器产品,实现水中溶解性有机质、硝态氮、有机质、余氯、浊度等多参数水质指标的精准监测,仪器产品实现了产业化生产和市场化销售,客户包括中国科学院重庆绿色智能制造技术研究院、苏州首创嘉净环保科技股份有限公司、广东新一代工业互联网研究院、北控水务集团等科研机构和企业单位。

2. 水专项成果产业化推广平台和孵化器以及产业技术创新联盟建设

在水专项淮河项目的组织实施过程中,为了提高项目成果的转化应用效率和成效,淮河项目创建并运营了江苏国创环保科技孵化器有限公司,为探索重大科技专项成果的孵化模式与经验取得了良好成效。以项目成果为依托,分别孵化培育了南京环保产业创新中心有限公司、南京大宁泰华环境技术有限公司、清源碧泽科技(北京)有限公司、南京同开环保科技有限公司、知习科技(重庆)有限公司等小微型环保科技创新企业,同时有力支持了安徽华骐环保科技股份有限公司、河南君和环保科技有限公司、河南冠宇环保科技有限公司、江苏南大华兴环保科技股份公司、南大(常熟)研究院有限公司等多家大中型环保科技企业的高质量发展。其中,安徽华骐环保科技股份有限公司于 2021 年 1 月在深圳证券交易所创业板挂牌上市。

为了推动水专项成果快速与技术链和产业链融合,项目及课题相关单位联合龙头企业、行业管理部门、高校及科研院所等不同类型单位,在淮河流域组建了环境保护部有机化工废水污染控制与资源化产业技术创新战略联盟、科技部淮河流域再生水利用与风险控制产业技术创新战略联盟、水生态产业技术创新战略联盟、智慧生态环境产业技术创新战略联盟、河南省水污染治理与河湖生态修复产业技术创新战略联盟、河南省畜禽养殖废弃物资源化利用产业技术创新战略联盟等产业技术创新联盟,有力促进了水专项技术成果与地方政府及企业的治理需求对接,提高了水专项技术成果在技术链和产业链上的集成程度,编制形成了以水专项技术成果核心的技术工艺包。

在政府科技创新政策扶持与引导下,通过人才、技术、资本等要素优化配置,建成了江苏省产业技术研究院水环境工程技术研究所(盐城),南京扬子江生态文明创新中心、泉州南京大学环保产业研究院、安徽池州南环环保科技产业化平台、九江南大环保创新中心科技产业化平台、江西南新环保科技产业化平台等实体平台，平台具备了技术研发、成果展示、孵化转化、服务推广、培训交流等功能，平台载体建筑面积超过 3 万平方米以上，形成了空间布局优化、功能定位互补的水专项成果转化与产业化推广平台群，建成了 1 个国家级环保产业集聚示范区，有力推动了水专项成果在淮河、长江等重点流域的工程化应用和产业化推广。依托水专项产业化平台推广，水专项淮河项目关键技术成果已在 300 项以上工程中得到应用，年处理废水总量达亿吨以上，年削减 COD 量达 20 万吨以上，累计为淮河流域 300 余家企业节能减排、产业升级提供了专业化服务，支撑了淮河流域 10 大工业园区每年逾千亿典型工业行业经济的可持续发展，近 5 年服务的工业企业新增产值 200 余亿元，支撑环保企业新增产值逾 20 亿元。

3. 全链式成果转化与产业化模式实践创新

通过项目实践创新，构建了基于"技术研发-成果孵化-联盟集成-平台推广-机制保障"的全链式成果转化与产业化推广模式，为打通水专项成果产业化"最后一公里"提供切实可行的路径。该模式主要由新型研发机构、科技孵化器、产业技术创新联盟和产业化平台所构成，其中型研发机构主要职能是"以研发为产业，以技术为商品"，从水专项淮河项目中筛选有产业化潜力成果进行产业化二次研发，着重提高技术的稳定性和经济性，研制出真正有市场竞争力的商品化产品装备，再有偿转让或转移进入产业化推广；科技孵化器主要职能是提供专业化的科技孵化服务，提高水专项成果转化效率以及科技创新企业成活率；产业技术创新联盟的职能是通过联盟集成创新，把单一的水专项成果科学、高效地融合到产业化链和技术链中，形成高水平的整体解决技术方案，解决单一技术无法在实际工程中推广应用的瓶颈问题，极大提高水专项成果的市场接受度和认可度；产业化平台的主要职能是把技术人才、工程人才和市场推广人才进行有机组合形成市场化、专业化人才团队，实现"政-产-学-研-用-金"六位一体有机融合和无缝对接，推动水专项成果的大规模产业化推广应用。通过基于"技术研发-成果孵化-联盟集成-平台推广-机制保障"的全链式成果转化与产业化模式创新，不仅解决了水专项成果转化与孵化初期缺乏启动资金、成果转化产品缺乏转化平台、产业化推广缺少市场途径等"最后一公里"的瓶颈问题，促进了"人才—学科—产业"融合发展，打通了水专项技术成果从"书架"走到"货架"的产业化路径。

6.3 淮河流域水质改善情况与水专项具体贡献总结

6.3.1 "十一五"至"十三五"淮河流域水质改善情况

近十年来，通过中央、地方各级政府以及企事业单位等多方坚持不懈的环保治理措施以及高校、研究院等科研机构强有力的科技支撑，在流域豫皖苏鲁四省2006～2020年GDP同比增长300%以上以及城镇化率同比增长20个百分点的背景下，淮河流域水污染治理成效显著，全流域水环境质量持续性显著改善，保障南水北调东线输水水质安全，重大突发性水污染故事发生情况得到有效遏制。

经过十五年的治理，淮河流域水环境质量得到明显改善，总体水质由2006年的中度污染，到2009年升级为轻度污染；淮河干流水质分别呈现"好转"—"有所下降"—"明显好转"—"有所好转"的变化趋势，2009年干流水质由轻度污染升级为总体良好，2010～2021年干流水质均保持为"优"，支流水质在2013年开始由中度污染转变为轻度污染水平，在2020年支流水质转变为优。由图6-2可见，

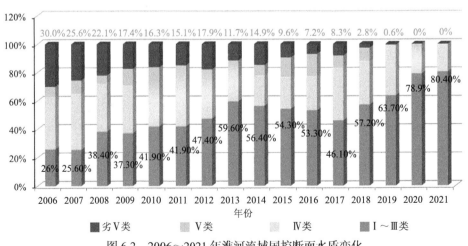

图6-2 2006～2021年淮河流域国控断面水质变化

淮河流域国控断面Ⅰ～Ⅲ类水质断面比重从 2006 年的 26.0%提高到 2021 年 80.40%；2006 年劣Ⅴ类水质断面比重为 30%，2021 年劣Ⅴ类水质断面完全消除，淮河流域总体水质由原先"轻度污染"历史性地提升为"水质良好"[19,20]。

6.3.2　水专项在淮河水污染控制与治理的贡献体现

1. 产出一批高水平的淮河治污科技成果

自"十一五"以来，水专项淮河项目已累计突破关键技术 30 余项，申请或授权国家发明专利 230 余项，获得软件著作权 30 余项，编制标准规范指南文件 40 余项，出版专著 10 余部，发表学术论文 300 余篇。项目成果已获得 2019 年国家科技进步奖二等奖、2018 年环境保护科学技术奖一等奖、2017 年国家自然科学奖二等奖和全国创新争先奖、2016 年国家科技进步奖二等奖、2017 年国际水利与环境工程协会（IAHR）A.T.伊本奖、2015 年与 2016 年以及 2018 年中国专利优秀奖、2015 年中国产学研合作创新奖、2014 年江苏省科学技术奖一等奖和山东省科技进步奖一等奖、2014 年大禹水利科技进步奖二等奖、2017 年河南省科技进步奖二等奖、2016 年河南省环境保护科技进步奖一等奖等 10 余项国家及省部级科技奖励。基于项目研究成果，淮河项目向生态环境部和国家水专项办提交了《基流匮乏型重污染城市河流污染治理技术模式及成功经验》《优配资源完善链条 "五力"协同助推水专项成果转化》等重大成果及相关建议专报 10 多份，其中有 6 份获得生态环境部和地方政府的主管领导批示。为支持淮河流域"十四五"规划编制工作，项目组向生态环境部淮河流域局以及河南、安徽、江苏、山东四省淮河流域"十四五"规划编制组提交了《研判淮河污染治理新形势、迈向"十四五"绿色发展新阶段》《淮河流域水污染治理与修复理论及实践》《加强闸坝群水质-水量-水生态精细化调度保障淮河流域生态用水、提升生态环境承载力》《沙颍河流域的水生态功能分区方案》等重大成果与方案建议专报，并组织专题研讨会为"十四五"淮河流域规划谏言献策。项目成果作为水专项标志性成果之一在"十二五"国家科技创新成就展水专项展区展出，受到众多领导、专家和公众的关注和肯定，中央电视台等媒体进行了宣传报道。2016 年和 2020 年科技部办公厅和国务院发展研究中心将淮河项目成果与实施成效分别编制《点线管面综合调控，科技治理实现突破》和《国家水专项淮河流域实施的在成效、经验和建议》专题简报，呈报国家重要部门及领导审阅。

2. 培养一支高层次的淮河治理科技人才团队

"十一五"至"十三五"水专项淮河项目由包括来自南京大学、武汉大学、山东大学、郑州大学等高校，中国环境科学研究院、中国科学院生态环境研究中心、环境保护部华南环境科学研究所和南京环境科学研究所、淮河水资源保护科学研究所，河南、安徽、江苏和山东四省环科院（环规院）等科研院所，江苏南大环保科技有限公司、安徽国祯环保节能科技股份有限公司、安徽华骐环保科技股份有限公司等企业共计 30 余家单位 3000 多人共同参与完成。在水专项的支持下，先后培养了中国科学院院士 1 人、中组部"千人计划"专家 1 人、国家杰出青年基金获得者 2 人、中组部"万人计划"领军人才 2 人、"长江学者"特聘教授 2 人、科技部科技创新领军人才 1 人等一批国家级高层次人才，培育了国家重点领域创新团队（2012 年）1 个、教育部优秀创新团队（2011 年）1 个，累计培养青年技术骨干百名以上和博士及硕士研究生千名以上，形成了一支由院士、长江学者、国家杰出青年基金获得者、"千人计划"专家、"万人计划"科技领军人才等组成的高水平淮河流域水污染控制与治理科研队伍，为淮河流域治理输出一大批专业技术人才和环境管理人才。

3. 建成一批产学研结合的成果转化与产业化推广平台

为推动水专项成果转化落地，淮河项目提出并实施了基于"技术研发-成果孵化-联盟集成-平台推广"的全链式技术成果产业化创新模式；在淮河流域分别建成了南京大学盐城环保技术与工程研究院、废水与污泥治理与资源化河南省协同创新中心、安徽省废水治理与资源化公共服务平台、江苏省沿海化工污染控制公共服务平台等 8 个成果转化与产业化推广平台，获批建设了环保部"有机化工废水治理与资源化产业技术创新联盟"、"石化废水处理与资源化及成果推广产业技术创新战略联盟"以及科技部"淮河流域再生水利用与风险控制产业技术创新联盟"，孵化培育了江苏南大华兴环保科技股份公司、南大（常熟）研究院有限公司、南京环保产业创新中心有限公司等 20 余家高新技术企业。针对近年来江苏沿海化学工业迅速发展对近海海洋及当地环境造成严重的压力，南京大学盐城环保技术与工程研究院通过水专项成果二次研发，开发了以"流化态还原-多相催化"为核心的毒性有机污染物资源化与无害化技术与装备，获国家重点新产品 2 项；攻克了高盐分、难降解、高毒性有机工业废水毒性减排的难题，建成 86 项示范及推广

工程，年处理此类废水 7000 万吨，年削减 COD 25.4 万吨，累计为淮河流域 150
余家企业节能减排、产业升级提供了专业化服务，支撑了淮河流域 10 大工业园区
逾千亿典型工业行业经济的可持续发展，为企业新增产值逾 50 亿元。针对我国突
发污染事故频繁发生，现有技术响应慢、操作复杂的缺陷，南京大学盐城环保技
术与工程研究院还研发出"导流明渠药剂投加-污染河道为反应器"事故应急处置
技术，成功应用于淮河流域 4 起重大突发水污染事故处置，处理水量逾 2000 万吨，
保障了重点水源地 1000 万民众的饮水安全。

4. 支撑一条污染最重支流和一个关键输水湖泊水质根本性好转

沙颍河是淮河的一级支流，全长 620 km，流域面积近 4 万 km²。在"十一五"
水专项启动之初，沙颍河也是淮河污染最重的一级支流，面积占淮河流域总面积
的 1/7，但污染负荷约占全淮河流域的 1/3，历次发生的淮河污染团下泄事件皆与
沙颍河紧密相关。因此，有"欲治淮河必先治沙颍河"之说。"十一五"以来，水
专项淮河项目一直选择沙颍河为重点示范流域，在流域内建成工程示范 50 余项和
推广应用工程 200 余项，工程累计处理水量计达 200 余万多吨/天，在沙颍河上游
郑州、中游郸城、下游阜阳市建成生态治理示范及推广工程达 200 公里以上，示
范河段 COD、氨氮和 TP 削减成效显著，主要水质指标达Ⅲ～Ⅳ类，满足重要断
面地表水达标要求，浮游动物及底栖生物恢复效果明显，生物完整性指数提高了
20% 以上。沙颍河流域水生态环境多目标智能管理平台的业务化运行支撑了流域
生态环境的多部门联动监督管理，提升了流域水环境管理的系统化、科学化、法
治化、精细化和信息化水平。有力促进了沙颍河水质持续改善与生态健康恢复，
带动了淮河流域水环境质量呈现"历史性好转"局面。其中，贾鲁河中牟陈桥断
面 COD 从 2008 年 75.4 mg/L 下降至 2020 年的 19.1 mg/L，氨氮从 30 mg/L 下降
至 0.47 mg/L；周口西华大王庄断面 COD 从 2009 年 31.0 mg/L 下降至 2020 年的
20.8 mg/L，氨氮从 6.3 mg/L 下降至 0.31 mg/L；周口沈丘纸店断面 COD 从 2009
年 23.0 mg/L 下降至 2020 年的 17.8 mg/L，氨氮从 2.2 mg/L 下降至 0.31 mg/L；目
前主要水质指标远优于断面考核指标要求（COD≤30 mg/L，氨氮≤1.5 mg/L），
河南省郑州市、周口市和安徽省阜阳市辖内建成区黑臭水体全部消除，并通过住
房城乡建设部组织的专家评估，沙颍河中下游水生态系统健康得到初步恢复，示
范河段重现了"水清岸绿、鸟鸣鱼戏、人水和谐"的优美景观，有力带动与支撑

了淮河干流水质持续显著性改善。据生态环境部淮河流域生态环境监督管理局监测数据统计表明，淮河项目示范流域-沙颖河对淮河干流污染贡献由"十一五"之前 1/3 已降低至当前的 1/5。

南水北调东线工程是解决我国北方地区水资源严重短缺问题的国家级特大基础设施项目，南四湖治污是南水北调东线工程成败的关键。在"十一五"之初，南四湖的部分湖区 COD 浓度高达 2000 mg/L，超标 100 倍；35 个主要河流水质监测断面 80% 以上仍为 V 类或劣 V 类，湖区 5 个水质监测点位全部为劣 V 类；2006 年枯水期湖区 COD 无 III 类水。经过"十一五"水专项淮河项目治理，南四湖 2011 年枯水期以 III 类水质为主，全湖氨氮达到 III 类标准。自 2013 年东线调水工程通水以来，南四湖的水质稳定达到地表 III 类水标准，已实现了水质连续 10 余年持续改善，确保了南水北调东线工程顺利运行。

6.3.3　水专项在淮河以外重点流域进行规模化成果推广应用

水专项淮河项目积极响应了国家"长江生态大保护""黄河流域生态保护与高质量发展""京津冀协同发展""长三角一体化发展"等重大战略部署，分别在长江、黄河等重点流域建成了南京扬子江生态文明创新中心、安徽池州南环环保科技产业化平台、九江南大环保创新中心科技产业化平台、江西南新环保科技产业化平台等一批水专项成果产业化推广平台和水生态产业技术创新战略联盟、河北省皮革产业技术创新战略联盟等产业技术创新联盟，积极推广淮河项目成果在长江、黄河、海河等重点流域转化落地，为重点流域地方政府打赢水污染攻坚战科技助力。据统计，除淮河流域之外，"十三五"淮河项目在长江、黄河等重点流域建成推广应用工程 112 项，工程累计处理水量计达 44.33 万吨/天，工程削减 COD 量达 19.42 万吨/年，削减氨氮量达 5520 吨/年，建成生态治理河段工程规模达 140 公里，生态修复面积 376 km^2。其中，在京津冀区域的雄安新区建设了白洋淀生态清淤扩大试点工程、引黄补淀通道水系疏通工程、藻苲淀退耕还淀生态湿地恢复一期工程、雄安新区府河河口湿地水质净化工程、雄安新区府河新区段河道综合治理工程等一批生态治理推广工程。项目研究团队成为南京、武汉等长江重要城市驻点负责技术团队，项目成果有力支撑了 2019 年第七届世界军人运动会涉水比赛项目的水质研判和保障工作。

第 7 章　淮河流域水环境治理和生态保护展望

7.1　"十三五"末期淮河流域水生态环境面临主要问题

经过"十一五"以来的艰苦努力，至"十三五"末期，淮河流域水质整体已呈现历史性好转局面，但是部分支流仍水质不达标、河流生态受损严重、水环境安全隐患多等问题依然十分突出。"十四五"淮河流域水生态环境治理面临的关键问题及其成因分析具体如下。

7.1.1　水环境方面

1. 问题：水环境污染压力仍处于高位，进一步改善水质难度大

根据《2020 年中国生态环境状况公报》，淮河流域由 2019 年水质为轻度污染历史性转变为 2020 年水质良好。监测的 180 个水质断面中，Ⅰ～Ⅲ类水质断面占 78.9%，比 2019 年上升 15.2 个百分点，无劣 Ⅴ 类水质，比 2019 年下降 0.6 个百分点。其中，干流和沂沭泗水系水质为优，主要支流水质良好，山东半岛独流入海河流为轻度污染。由此可见，淮河支流水质普遍劣于干流水质，部分支流水质不达标、水生态环境保护不平衡不协调的问题依然存在[20]。

据《2018 年淮河流域水资源公报》显示，淮河流域全年期评价河长 20991.8 km。其中Ⅰ类水河长 148.4 km，占 0.7%；Ⅱ类水河长 3710.5 km，占 17.7%；Ⅲ类水河长 9331.2 km，占 44.5%；Ⅳ类水河长 4849.0 km，占 23.1%；Ⅴ类水河长 11891.0

km，占 9.0%；劣 V 类水河长 1061.7 km，占 5.0%。对照国务院批复的《全国重要江河湖泊水功能区划（2012—2030 年）》以及《南水北调东线工程治污规划》确定的水质目标进行达标评价，2018 年淮河流域评价的 46 条跨省河流 50 个省界断面水质达标测次比例仅为 51.7%。其中，湖北省 1 个出境断面的水质达标测次比例为 95.8%；河南省 15 个出境省界断面水质达标测次比例为 37.0%；安徽省 10 个出境省界断面水质达标测次比例为 53.6%；江苏省 7 个出境省界断面水质达标测次比例为 33.3%；山东省 17 个出境省界断面水质达标测次比例为 69.5%[4]。

2018 年淮委组织流域各省水利部门对淮河片 394 个全国重要江河湖泊水功能区水质进行了监测，其中 39 个省界缓冲区由淮河流域水环境监测中心负责监测，其余 355 个水功能区由各省水利部门负责监测。2018 年因部分水功能区所在河流干涸断流，实际监测的水功能区共 383 个，其中有 44 个排污控制区因没有水质目标不参与水质达标评价，参与水质达标评价的水功能区为 339 个。采用全因子评价（评价项目 22 项），淮河片 339 个全国重要江河湖泊水功能区的水质达标率仅为 40.7%；水功能区评价河长 11057.2 km，其中达标河长占 46.9%；评价湖泊面积 6031.8 km²，达标面积仅占 21.0%；评价水库蓄水量 50.7 亿 m³，达标蓄水量仅占 31.0%。

2. 成因：入河污染负荷超过纳污能力是河流水污染的根本原因

淮河流域人口密集，土地开发利用程度高，加之中上游地区属经济欠发达区域，产业结构"三高"（高污染、高能耗、高排放）特征明显，因此淮河流域废污水排放量大，入河污染负荷超过纳污能力是河流水污染的根本原因。2018 年淮委组织流域水利部门对流域片 204 个城镇 2576 个入河排污口废污水排放量进行了监测，根据各省监测资料统计，废污水入河排放量为 87.37 亿 t，主要污染物质化学需氧量和氨氮入河排放量分别为 26.71 万 t 和 1.96 万 t。其中淮河流域实测 172 个城镇 2386 个入河排污口，废污水入河排放量为 64.61 亿 t，主要污染物质化学需氧量和氨氮入河排放量分别为 20.69 万 t 和 1.77 万 t。由此可见，淮河流域以 1/36 国土面积承受了全国近 1/8 的废污水排放量。2017 年 5 月水利部以水资源〔2017〕191 号印发了《全国水资源保护规划（2016—2030 年）》，明确淮河流域及山东半岛 2030 年化学需氧量和氨氮入河限制排污总量分别为 26.6 万吨/年和 1.9 万吨/年。由表 7-1 可见，2018 年淮河流域四省的化学需氧量和氨氮还不同程度存在着排放超限的问题。

表 7-1　2018 年淮河流域主要污染物入河排放量与水功能区限制排放量比较

省份	化学需氧量（万吨／年）			氨氮（万吨／年）		
	2018 年入河排放量	2030 年水功能区限制排放量	超出倍数	2018 年入河排放量	2030 年水功能区限制排放量	超出倍数
河南	8.49	10.45	未超	0.81	0.64	0.27
安徽	3.93	3.64	0.08	0.59	0.32	0.84
江苏	5.10	4.56	0.12	0.23	0.42	未超
山东	9.19	7.89	0.16	0.33	0.48	未超

7.1.2　水资源方面

1. 问题：水资源短缺问题依然突出，生态用水严重不足

淮河流域人口众多，人口总量占全国的 15.5%，人均占有水资源量 448 立方米，为全国人均的 21%，是世界人均的 6%。流域耕地亩均占有水资源量 405 立方米，为全国亩均的 24%，是世界亩均的 14%。淮河干支流拦蓄工程日益增多，闸坝高度密集，流域人工水系和天然河网纵横交织，下泄流量难以保障，水系不畅。淮河流域共有 5400 多座大中型水库和 4200 多座水闸，水库等干支流拦蓄工程可以增加当地水资源的利用和抬高沿河两岸的地下水位，但同时导致河道下泄量和区间来水量呈减少的趋势[16-18]。2018 年淮河流域王家坝等 8 个干流断面生态流量日满足程度达标，但是涡河亳州等 5 个支流断面不达标，其中涡河亳州断面全年生态流量日满足程度只有 26.3%，沭河大官庄和鲁苏省界断面不到 20%。

2. 成因：水资源时空分布严重不均，70%径流集中在汛期，干流南北差异大；流域水资源利用率过高，严重挤占生态用水量

淮河流域地处南北气候过渡带气候，70%径流集中在汛期 6～9 月，最大年径流量是最小年径流量的 6 倍，水资源的时空分布不均和变化剧烈，加剧了流域水资源开发利用难度，使水资源短缺的形势更加突出。同时，流域水土资源不匹配，淮河以南水资源量相对丰富，但经济较落后，经济总量小；淮河以北，水资源量较为贫乏，但经济较发达，经济总量较大，随着经济社会的进一步发展，淮河以

北地区的用水需求将会更大，水资源供需矛盾将更加突出。水资源短缺将是淮河流域面临的长期情势，也必将加剧流域的水污染状况。闸坝等拦蓄工程导致河道下泄量和区间来水量减少以及水面蒸发量增大的趋势；导致河湖水系多处于蓄而不流的状态，部分河流源头常年断流，河道环境基流难以保障，河道已丧失基本自净能力，加之截流导致下游河流基流匮乏，缺少足够清水稀释，加剧水污染状况。淮河流域的河湖水系主要以降水为补给源，河道径流季节性变化大。由于水资源短缺，加之径流人工控制程度高，淮河流域水资源开发利用率达60%以上，界首、沈丘、亳州等断面以上区域人均水资源占有量与人均用水量接近，水资源利用率超过70%，严重挤占了河道生态用水。淮河干流北岸河流天然基流缺乏，大部分是季节性河流，有水无流或河道干枯的现象非常普遍。据统计，平水年淮河水系和沂沭泗水系的生态亏缺水量分别为15.5亿m³和5.4亿m³；偏枯年份淮河水系和沂沭泗水系的生态亏缺水量分别为21.8亿m³和5.7亿m³。

7.1.3 水生态方面

1. 问题：流域水生态明显退化，生态系统健康程度差

由于淮河流域建造众多水库、闸坝等人工水利设施，严重破坏了河流网络连续性和完整性，导致流域生境被大量破碎化，加上水体污染严重，造成了淮河河流水生生物群落结构单一，主要以耐污种为主[21,22]。淮河流域的水生生物主要分布在平原湖泊，其次分布在上游水库和河库，流域内水生生物含量丰富的大型湖泊主要有洪泽湖、南四湖、骆马湖、瓦埠湖、高邮湖等。分布在上游水库和河道中的水生生物种类与数量均较少，许多河道因水体污染水生生物资源遭受到严重破坏。以底栖动物为例，在淮河流域河南地区耐污种有12种，敏感物种仅有1种，物种多样性指数仅为1.04，丰富度指数仅为1.11；安徽地区耐污种高达16种，敏感物种仅4种，物种多样性指数仅为1.27、丰富度指数仅为1.34；江苏地区，耐物种有16种，敏感物种仅有罗甘小突摇蚊和毛翅目1种，物种多样性指数为1.69；丰富度指数为1.33；山东地区敏感物种多样性指数平均为1.63，丰富度指数为1.60。总体而言，淮河流域各地区中敏感物种数极少，而耐污物种数较多，且数量均很少；物种多样性和丰富度低，表明淮河流域水体水生态明显退化，水

生态健康程度较差。2006 年中国科学院地理科学与资源研究所等单位开展了闸坝对淮河生态与环境影响评估研究。研究表明，槐店闸所在的颍河中下游区与太平庄闸、王庄闸所在的沭河中下游区河流生态系统遭受破坏最严重。涡河中下游生态系统受到损害，处于不稳定状态，越往下游，生态有恢复迹象，河流健康程度有所提升。淮干以北平原区的河流，位于人口与工农业密集区，受人类活动影响剧烈，水体受到严重污染，水生态环境质量很差。淮河干流水生态与水环境优劣的突变点在临淮岗：临淮岗以上的淮河段水体水生态质量较好；临淮岗以下的淮河水生态质量较差。

2. 成因：修建高密度闸坝，破坏了河流物理性完整性，生境栖息地生态受损严重；营养盐、毒害物质等污染物排放量大，水体化学完整性受人类活动干扰大；生态基流难以保障，径流量变化大，直接影响水体生物完整性

淮河流域是我国水库、闸坝等水利设施建设最密集的流域之一。闸坝在河流防洪、农业灌溉、发电、供水等方面发挥巨大效益，但是高密度水利工程严重破坏了河流天然生境条件，破坏了河流网络的连续性和完整性，切断了水生生物的洄游通道，导致水生生物多样性降低。闸坝蓄水造成水资源过度利用，河流径流量降低，河流出现干涸或断流现象，湖泊湿地萎缩，河湖水生态系统功能下降，水生生物数量和种类减少。据统计，淮河流域从 20 世纪 80 年代至今已有 11 个小湖泊萎缩消失，湖泊水面面积年萎缩量达 0.2%[23]。闸坝修建后对其下游水生态系统有一定的不利影响，长期的调控干扰会导致水生生物群落和结构单一，水生态环境显著恶化。目前，淮河流域部分区域湿地植被退化较为严重，原生植物惨遭破坏，湿地水生生物生境类型逐渐趋于单一，水生生物种类和数量明显减少，河流径流变化直接改变土地植物覆被，严重威胁湿地及生态交错带的生物多样性。

7.1.4 水安全方面

1. 问题：水环境安全隐患多，突发性和累积性风险并存

淮河是我国水污染事故发生频次最高的流域之一。在 1989～2004 年，淮河流域先后发生了 6 次重大污染团下泄的水污染事故，造成巨大经济损失，严重影响流域工农业生产与人民群众生活，河流生态环境遭受严重破坏。近年来，随着淮

河干流水质的不断改善以及流域闸坝调控管理能力的提高，淮河干流发生重大污染团下泄事件的可能性大幅降低。不过，河流污染团下泄造成的突发性水污染事故仍时有发生。例如，2013年河南省惠济河东孙营闸开闸泄洪，下泄污水氨氮严重超标，导致安徽省涡河亳州段水体水质由Ⅲ类直接降为劣Ⅴ类，网箱养鱼大面积死亡。2018年江苏省泗洪县洪泽湖水域出现上游新濉河和新汴河过境黑水，造成大面积鱼蟹死亡。所以，在水污染问题没有根本解决之前，淮河流域仍然存在发生水污染事故的隐患，尤其是跨省河流水污染。这不仅对当地的社会、经济和水环境造成影响，还对下游供水安全造成威胁。除了突发性污染事故发生风险高之外，淮河流域累积性环境风险高，导致人体健康受到严重影响。例如，2009年《凤凰周刊》等新闻媒体报道，全国有百处癌症高发区（或癌症村），其中淮河流域占近1/4。2013年6月25日，中国疾控中心专家团队通过长期研究出版了《淮河流域水环境与消化道肿瘤死亡图集》，首次证实了淮河流域癌症高发与水污染的直接关系[24]。因此，"十四五"淮河流域规划应该把累积性环境风险作为重要治理项目和任务。

2. 成因：闸坝型河道上游易蓄积形成高浓度污水团队，汛期排泄造成突发性水污染事故；工业废水排放大量毒害污染物，导致流域累积性环境风险高

建造闸坝蓄水阻断了河流上游污染负荷与下游水体的自然联系，切断了河流清水补给，削弱了水流速度，大量污水、泥沙及营养物质滞留水体，各种污染物在闸坝前水体聚集形成污染团。特别是，枯水期河流关闸蓄水容易造成河流污水发生聚集形成高浓度污水团，成为河道型污染库。当汛期河流开闸泄流，蓄积河道的污染团集中下泄，导致河流发生突发性污染事故频发。1989~2004年淮河发生的6次重大污染团下泄水污染事故均与上游闸坝汛期集中开闸泄洪有关[18, 25]。因此，闸坝型重污染河流一方面须加强污染控制，减少河流水体污染负荷，改善水质；另一方面必须建立科学的闸坝水质水量联合调度技术与方案，才能有效防控污染团下泄事件发生。淮河流域工业发展迅速，但目前整体上仍处于工业化中级阶段。受自然条件和发展阶段所限，流域可发展的产业类型受到了较大的限制，尽管淮河流域四省在产业结构调整方面做了大量工作，但化工、造纸、制革等重污染行业仍是淮河流域的主导产业。长期以来，淮河水体接纳了大量工业废水，尽管废水排入受纳水体之前已处理达标，但是由于目前工业废水排放

水质控制指标基本还停留在 COD、氮、磷等传统指标，废水毒害污染物排放还缺乏有效控制。废水中毒害污染物对水质常规指标如 COD、BOD 等贡献小，但是它们产生的毒害效应严重危害河流水生态与人体健康。以精细化工行业为例，该行业产品种类多、附加值高、用途广、产业关联度大，直接服务于国民经济的诸多行业和高新技术产业的各个领域，对工业经济发展贡献率大，在淮河流域工业结构中居重要地位，精细化工企业和园区在流域分布密集，如安徽、江苏两省淮河流域共建有约 30 家精细化工的工业园区。但是，精细化工废水中污染成分复杂，即使企业或园区达标排放，废水中仍有大量有毒有机污染物被排入河流水体，造成严重的毒害污染。大量调查研究表明淮河流域水环境毒害污染已十分严重，严重威胁流域饮用水安全。根据淮河流域地表水源水中 14 类（共计 104 种）污染物的检测分析，发现淮河流域地水源水中多环芳烃类化合物（PAHs）浓度为 115.25～929.11 ng/L；有机氯农药类化合物（OCPs）浓度为 133.69～453.52 ng/L；酞酸酯类化合物（PAEs）浓度为 164.37～662.55 ng/L；硝基苯类化合物（NBs）浓度为 59.52～1352.98 ng/L。运用健康风险评价模型对淮河流域 18 个采样点地表水源水中有机有毒污染物的潜在人体健康风险进行评估，发现淮河流域 PAHs，OCPs，PAEs，NBs 不产生显著的非致癌风险，但是支流涡河和下游江苏苏北地区地表水源水中的 PAHs 和全流域地表水源水中的 OCPs 可能产生致癌风险[26]。

7.2　新时期国家对淮河治理要求

7.2.1　水污染防治行动计划（简称"水十条"）

为切实加大水污染防治力度，2015 年 2 月中央政治局常务委员会会议审议通过《水污染防治行动计划》（简称"水十条"），同年 4 月 16 日起正式发布实施。"水十条"规定的工作目标是到 2030 年，力争全国水环境质量总体改善，水生态系统功能初步恢复。到 21 世纪中叶，生态环境质量全面改善，生态系统实现良性循环；具体要求达到的主要指标是：到 2030 年，淮河等我国七大重点流域全水质优良比例总体达到 75% 以上，城市建成区黑臭水体总体得到消除，城市集中式饮用水水源水质达到或优于Ⅲ类比例总体为 95% 左右。

7.2.2　淮河流域综合规划（2012～2030 年）

2013 年 3 月，国务院以国函〔2013〕35 号文批复了《淮河流域综合规划（2012—2030 年）》。该规划明确指出，到 2030 年，淮河流域要建成适应流域经济社会可持续发展、维护良好水生态的整体协调的水利体系。建成完善的流域防洪除涝减灾体系，各类防洪保护区的防洪标准达到国家规定的要求，除涝能力进一步加强。建立合理开发、优化配置、全面节约、高效利用、有效保护、综合治理的水资源开发利用和保护体系，全面实现入河排污总量控制目标，基本实现河湖水功能区主要污染物控制指标达标，水土流失得到全面治理，水生态系统和生态功能恢复取得显著成效。流域水利基本实现现代化管理。为合理开发、高效利用和有效保护水资源，综合规划从用水总量、用水效率、水资源与水生态保护等方面研究提出 9 项流域控制指标，要求到 2030 年，流域用水总量控制在 641.6 亿 m^3 以内；万元工业增加值用水量降低到 35 m^3 以内，农田灌溉水有效利用系数提高到 0.61 以上；基本实现水功能区 COD 和 NH_3-N 达标，重要河流控制断面和重要湖泊水质达Ⅲ类标准。

7.2.3　淮河生态经济带发展规划（2018～2035 年）

为推进淮河流域生态文明建设，2018 年国家发改委印发《淮河生态经济带发展规划（2018—2035）》。该规划明确了淮河生态经济带发展规划目标是：到 2025 年，生态环境质量总体显著改善，沿淮干支流区域生态涵养能力大幅度提高，水资源配置能力和用水效率进一步提高，水功能区水质达标率提高到 95% 以上，形成合理开发、高效利用的水资源开发利用和保护体系；淮河水道基本建成，现代化综合交通运输体系更加完善，基础设施互联互通水平显著提升；现代化经济体系初步形成，优势产业集群不断发展壮大，综合实力和科技创新能力显著增强；以城市群为主体、大中小城市和小城镇协调发展的城镇格局进一步优化，城镇化水平稳步提高；"淮河文化"品牌初步打响，基本公共服务均等化和人民生活水平显著提升；协调统一、运行高效的流域、区域管理体制全面建立，各类要素流动更加通畅，对外开放进一步扩大，内外联动、陆海协同的开放格局初步形成，区域综合实力和竞争力明显提高。到 2035 年，生态环境根本好转，美丽淮河目标基本实现，经济实力、科技实力大幅提升，人民生活更加宽裕，乡村振兴取得决定性进展，农业农村现代化基本实现，城乡区域发展差距和居民生活水平差距显著缩小，产业分工协作格局不断巩固，基本公共服务均等化基本实现，现代社会治理格局基本形成，建成美丽宜居、充满活力、和谐有序的生态经济带，基本实现社会主义现代化。

7.2.4　"十四五"重点流域水环境综合治理规划（2021～2025 年）

为深入贯彻习近平生态文明思想，全面落实党中央、国务院关于深入打好污染防治攻坚战的决策部署，按照"十四五"规划《纲要》要求，2021 年 12 月 31 日，国家发展改革委印发了《"十四五"重点流域水环境综合治理规划》。该规划明确指出，淮河等我国重点流域水环境综合治理面临的结构性、根源性矛盾尚未根本缓解，水环境状况改善不平衡不协调的问题突出，与美丽中国建设目标要求和人民群众对优美生态环境的需要相比仍有不小差距。淮河等重点流域干流和国控断面水质大幅提升，但支流、次级支流和中小河流水质状况改善不明显，省控、市控断面水环境形势不容乐观，部分河段仍存在劣 V 类水体。随着污染防治攻坚战深入推进，城乡发展和环境治理进度差异较大。在点源污染得到有效控制的情况下，农业面源污染已成为主要污染负荷来源，但由于量大面广、资金投入不够等原因，农业面源污染尚未得到有效控制。"十四五"时期，在面源污染防治等方面实现突破，实现主要水污染排放总量持续减少，水生态环境持续改善等任务艰巨。进一步完善流域综合治理体系，提升流域水环境综合治理能力和水平，更好适应新阶段发展需求仍面临较大挑战，统筹推进流域环境保护和高质量发展任重道远。到 2025 年，淮河等重点流域水环境质量持续改善，重要江河湖泊水功能区水质达标率持续提高，污染严重水体基本消除，地表水劣 V 类水体基本消除，有效支撑长江经济带发展等区域重大战略实施。

7.3 对未来淮河流域治理的建议

针对淮河治理面临的主要问题及其成因剖析,借鉴水专项淮河项目研究经验,对"十四五"及更远未来淮河流域治理提出以下四条建议。

1. 建议借鉴闸坝型河流"三三三"治理思路,推动地方行业和小流域排污标准以及流域生态补偿政策实施,建立水质目标与入河排污口和污染源响应关系,提高淮河精细化管理水平

在"三三三"治理思路引领下,水专项在河南省编制实施了化工、制药、酿造、合成氨等行业地方排污标准以及贾鲁河、双洎河、清潩河等小流域排污标准,构建了基于"行业废水间接排放标准-小流域排污标准-河流水质标准"的河流"三级标准"控制体系,使污染物排放标准与河流水质标准得到科学衔接,有效解决了"污染排放达标,但水质不达标"问题,为河南省水环境生态补偿政策实施提供科技支撑,保障了沙颍河-贾鲁河的水质达标。建议在"十四五"阶段,针对淮河流域污染重、难达标的河流、湖泊等水体,以地方行业和小流域排污标准为管理抓手,并结合排污许可制度,建立水质目标与入河排污口和污染源响应关系,积极推动流域生态补偿政策实施,构建小流域水质目标精细化管理体系。

2. 建议积极推广水专项农业及其伴生行业污染治理关键技术,推动淮河流域农业及其伴生工业绿色转型升级,实现工业废水无毒排放与生态安全利用

水专项研究发现,农业面源已分别占淮河 COD 和氨氮排放总量的 50% 和 40% 左右。食品、酿造、制革、造纸、化工等农业伴生行业是淮河流域主导产业,经济贡献率仅达 40%,但对工业点源污染贡献达 80% 以上。《全国新增 1000 亿斤粮食生产能力规划(2009—2020 年)》要求黄淮海平原承担新增 329 亿斤粮食产能建设任务,淮河流域农业及其伴生行业污染防治压力进一步增大。"十一五"以来,针对淮河农业面源及典型伴生行业污染问题,水专项自主研发了以"种-养-加农业废弃物循环利用和地表-地下污染一体化控制"为核心的半湿润区农业面源污染

综合治理技术和以"两相双循环厌氧反应器能源化-芬顿流化床深度处理-人工湿地无害化生态净化"为核心的农业伴生行业废水资源化、能源化与无害化处理集成技术，建成工程示范及推广应用工程数十项，取得了较好的经济效益和环境效益。建议"十四五"积极推广水专项研发的农业面源及伴生行业污染控制与治理技术成果，支撑淮河流域农业及其伴生工业绿色转型升级，实现工业废水无毒排放与生态安全利用。

3. 建议大规模建设城镇污水再生回用和河流生态修复工程，降低入河污染负荷，提高河流生态用水量，提高河流环境容量

据统计，淮河污径比为 1/8，是黄河的近 2 倍（1/15），长江的 4 倍（1/31），淮河流域水污染治理难度极大。水专项自主研发了工业/城镇尾水生态安全利用和闸坝型重污染河流生态净化与修复关键技术，实现郑州每天 100 万吨再生水安全生态补给贾鲁河，保障了贾鲁河的水质达标和生态基本流量。在"十四五"阶段，建议在淮河流域大规模建设城镇污水再生回用和河流生态修复工程，降低入河污染负荷，同时提高河流自净能力和环境容量。

4. 建议进一步提升淮河闸坝群科学调度和水生态环境监控能力，保障河流生态用水量，防控突发性和累积性环境风险

针对淮河流域闸坝多、水旱灾害频繁、水污染重、水环境风险高等问题，建设淮河天-地-空一体化水环境监测网，建立具有高精度、高密度、分布合理、实时动态、覆盖淮河流域的水质、水量和水生态信息动态监测网，以水专项研发的以"生态基流保障-大型污染事故防范-水生态安全防控"为核心的闸坝型重污染河流水质-水量-水生态联合调度技术为基础，加强淮河水生态环境动态监测和闸坝群科学调度能力，有效防范突发性水污染事故发生，保障河流生态用水量。长期以来，淮河水体接纳了大量工业废水，尽管排放的废水已处理达标，但是目前排放水质标准大多仅要求 COD、氮、磷等常规指标达标，对高风险毒害物质造成的累积性环境风险缺乏有效监管。建议在"十四五"阶段，进一步提升污废水中的内分泌干扰物、抗生素、硝基苯类化合物、农药、重金属等高风险毒害污染物治理与控制能力，有效防控淮河水环境累积性风险，保障流域人民群众身体健康。

参 考 文 献

[1] 王九大. 淮河流域水资源的可持续发展与管理[D]. 南京：河海大学硕士学位论文，2001.

[2] 水利部淮河水利委员会. 淮河流域规划纲要[M]. 北京：中国水利水电出版社，1998.

[3] 赵金玉. 近三十年淮河流域地表水时空演变遥感监测研究[D]. 郑州：河南大学硕士学位论文，2020.

[4] 水利部淮河水利委员会. 淮河片水资源公报（2006—2018 年）[A/OL].

[5] 于紫萍，许秋瑾，魏健，胡术刚，李爱民，谢显传，宋永会. 淮河 70 年治理历程及"十四五"展望[J]. 环境工程技术学报，2020，10（5）：746-757.

[6] 顾洪. 淮河流域经济发展态势及综合治理[J]. 治淮，2013（8）：8-11.

[7] 解振华. 以科学发展观为指导努力改善淮河流域水环境状况[J]. 环境保护，2004（11）：4-9.

[8] 淮河流域水质改善与水生态修复技术研究与综合示范项目报告[R]. 南京：南京大学，2018.

[9] 淮河流域纳污能力及限制排污总量研究[R]. 水利部淮河水利委员会，2006.

[10] 环境保护部，国家发展和改革委员会，财政部. 关于印发《重点流域水污染防治规划（2011—2015 年）》的通知：环发〔2012〕58 号[A/OL].（2012-05-16）.

[11] 李云生，王东，张晶. 淮河流域"十一五"水污染防治规划研究报告[M]. 北京：中国环境科学出版社，2008.

[12] 周亮，徐建刚，孙东琪，倪天华. 淮河流域农业非点源污染空间特征解析及分类控制[J]. 环境科学. 2013，34（2）：547-554.

[13] 刘鸿志. 淮河流域水污染防治工作的总体回顾[J]. 中国环境管理. 1998，2：5-8.

[14] 于术桐. 淮河流域水污染控制与治理回顾及当前关键问题[J]. 治淮. 2010（4）：22-23.

[15] 马中. 中国流域水污染防治规划执行情况评估：以淮河流域为例[R]. 提交世界银

行，2006 年 9 月.

[16] 夏军，赵长森，刘敏，王纲胜，张永勇，刘玉. 淮河闸坝对河流生态影响评价研究——以蚌埠闸为例[J]. 自然资源学报.2008，23（1）：48-60.

[17] 张永勇，夏军，王纲胜，蒋艳，赵长森. 淮河流域闸坝联合调度对河流水质影响分析[J]. 武汉大学学报（工学版）.2007，40（4）：31-35.

[18] 程绪水，贾利，杨迪虎. 水闸防污调度对减轻淮河水污染的影响分析[J]. 中国水利.2005（16）：11-13.

[19] 环境保护部. 中国环境状况公报（2006—2016 年）［A/OL］.

[20] 生态环境部. 中国生态环境状况公报（2017—2021 年）［A/OL］.

[21] 张颖，胡金，万云，刘其根，查玉婷，孙月娟，胡忠军. 基于底栖动物完整性指数 B-IBI 的淮河流域水系生态健康评价[J]. 生态与农村环境学报，2014,30(3)：300-305.

[22] 左其亭，陈豪，张永勇. 淮河中上游水生态健康影响因子及其健康评价[J]. 水利学报.2015，46（9）：1019-1027.

[23] 徐邦斌. 淮河流域水资源开发利用的现状、问题及对策[J]. 中国水利.2005(22)：26-27.

[24] 杨功焕，庄大方. 淮河流域水环境与消化道肿瘤死亡图集[M]. 北京：中国地图出版社，2013.

[25] 李平. 沙颍河水质污染联防对于淮河治理的作用与存在问题探讨[J]. 河南水利与南水北调.2013（9）：43-44.

[26] 陈讯. 新型磁性固相萃取材料性能及其在淮河流域有机物检测中应用研究[D]. 南京：南京大学硕士学位论文，2016.